U0052083

好好玩の
梭編蕾絲小物

梭子編織基本功
讓新手也能完美達成不NGの3Steps

盛本知子

Contents

Step 2
利用兩個梭子編織

Step 3
利用Split分裂編法

梭編蕾絲の基礎技法

作者序

與梭編蕾絲的邂逅，我想應該是從出生的那一刻起就開始了吧！
不，說不定是在出生之前，就已經與它相遇了！
雖然並沒有因邂逅而產生火花，但令我感到奢侈的小幸福，
便是擁有一位陪伴在我身邊、總是享受在梭編蕾絲樂趣當中的母親。
依稀記得，我在鋼琴演奏會穿著的那件連身裙上，
那片雪白的、大大的蕾絲衣領；
小學時，制服上衣衣領，上頭還有以紅色串珠鉤織而成的邊緣穗飾呢！
我的生活中，總是有母親的梭編蕾絲作品相伴。

母親告訴我，我第一次動手編織梭編蕾絲作品，是在小學低年級的時候。
當時只感到肩膀痠疼，並不能夠瞭解手作的喜悅，
但很快地，各式各樣的設計點子在腦海中浮現，
不知不覺，我也和母親一樣，開始喜歡鉤織這些小東西了……

輕巧的梭編蕾絲，就連工具都是小而輕盈的，
無論何時何地，在想編織的時候就能編織，是它最特別之處。
儘管每天都在製作梭編蕾絲的作品，
但隨著梭子的轉動、在筆記本上描繪設計圖……
特別是在旅途當中，我的感受力也會變得更加細膩，

透過這本拙作，希望您能實際感受梭編蕾絲帶來的魅力，
讓我們一起同遊梭編蕾絲的世界吧！

盛本知子

Step 1

利用一個梭子編織

準備一個梭子、一團織線，

取兩股線，開始編織吧！

梭編蕾絲就是這麼簡單，

只需要簡單的工具&材料，

就能編織出纖細、唯美的圖樣和鑲邊。

小花圖樣

將線環與線橋交互編織，

就成了最基本的小花圖樣。

第一次製作的新手們，請從這裡開始練習吧！

作法→P.47

繡球花迷你桌巾

編織&接合「小花主題圖樣」，
再加上緣編即可。
使用段染色彩的線材製作，
可讓作品有如印象派的繪畫作品。

作法→P.50

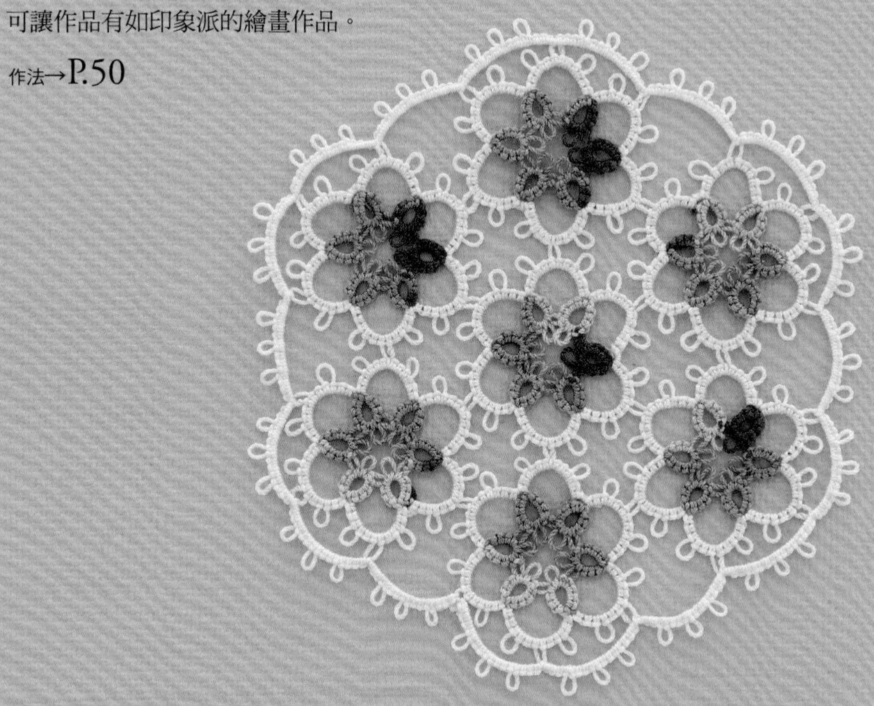

花の主題圖樣×4

作法→P.52・P.53

c.

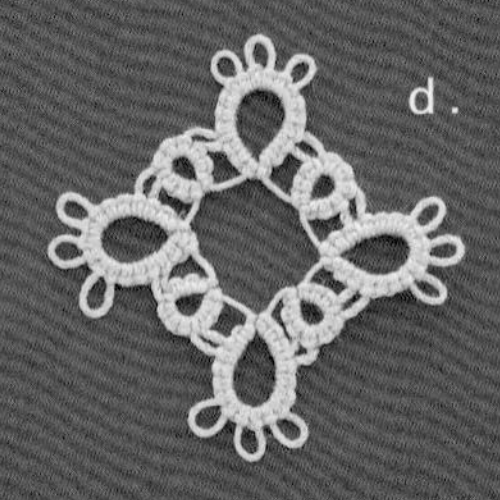
d.

a. 金盞花

即使只有外側的線環及線橋，
也是一朵可愛的小金盞花！
中央的六個線環，在邊緣完成後再編入即可。

b. 聖誕薔薇

從內側開始編織，
線橋的線條，
讓美麗而溫柔的花朵就此綻放。

c. 大理花

製作技巧與聖誕薔薇相同。
增加凸編，讓作品看起來華麗極了！

d. 茉莉花

邊緣鋒利的茉莉花，
主要在練習最後的接合方式，
只要學會了，
編織的主題圖樣就能往外加寬了！

b.

a.

項鍊 & 耳環

將花朵圖樣直接固定，
展現美麗首飾的無限魅力。

作品參考．主題圖樣固定作法→P.79

花樣の鑲邊×2
書籤a（右）・b（左）

像是將花朵圖樣接合在一起，
作成這兩款鑲邊編織的作品。
不僅邊緣穗飾精緻可愛，
只需要再加上一點兒工夫，
就成了實用的書籤囉！

作法→P.54

髮帶

與書籤a的編法相同，
只是不將原本的耳織入，
整體造型看起來更為俐落的髮帶
就完成囉！

作法→P.55

頸飾梭編花帶

利用同一種顏色的線材，
以及與書籤b相同的編法，
再編得長一些即可。
雖然質量輕巧，卻是相當具有
存在感的一款小飾物。

作法→P.56

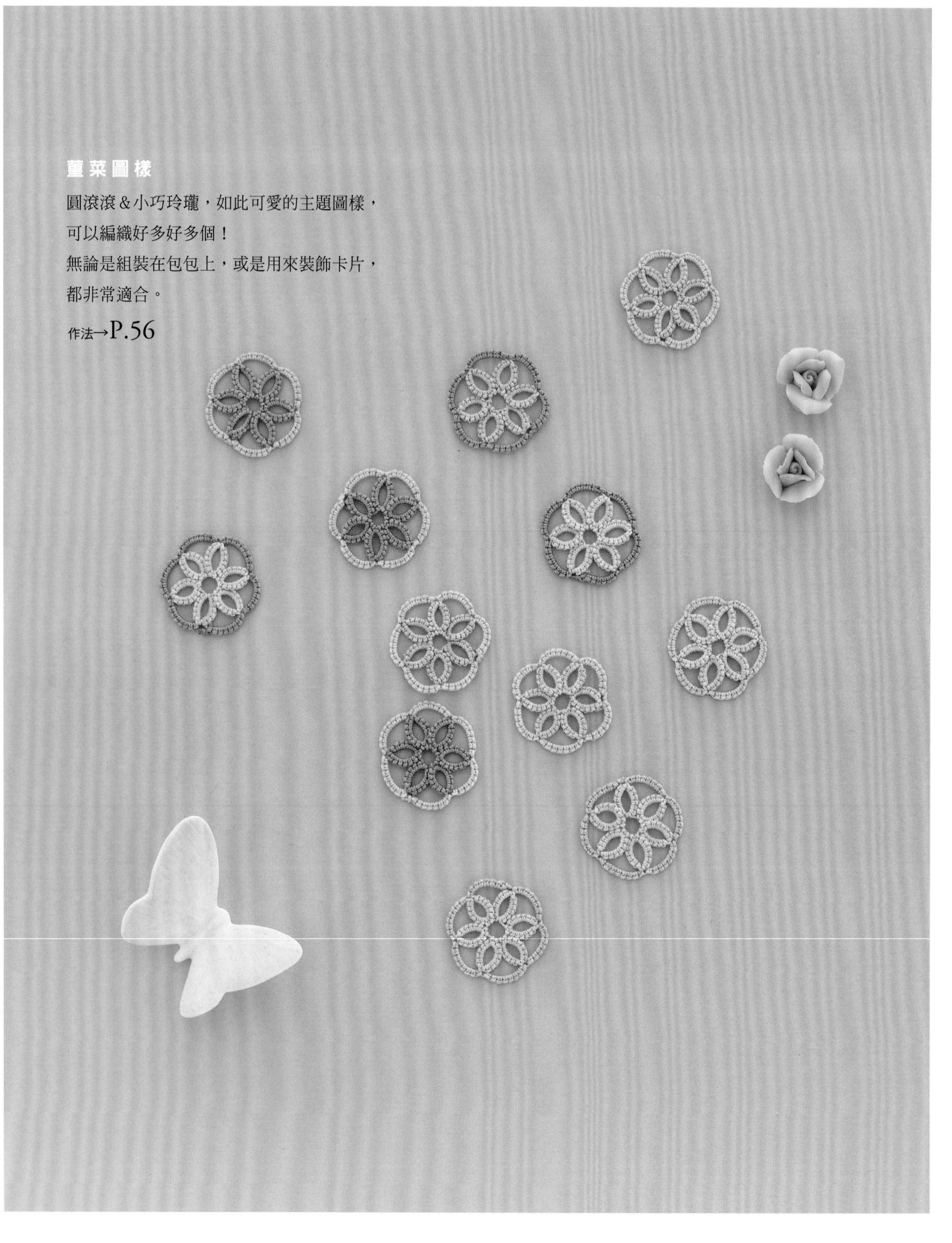

薑菜圖樣

圓滾滾＆小巧玲瓏，如此可愛的主題圖樣，
可以編織好多好多個！
無論是組裝在包包上，或是用來裝飾卡片，
都非常適合。

作法→P.56

董菜圖樣項鍊

黑色系的梭編項鍊，像是一筆繪製而成的圖案，
線材完全沒有剪裁過，不僅適合搭配於休閒服飾，
也可穿戴於時髦衣物。

作法→P.57

Step 2

利用兩個梭子編織

只要利用兩個梭子編織，
就能製作更加複雜的作品了！
基本的編織方式與一個梭子並無不同，
請從小形的主題圖樣開始，輕鬆地繼續挑戰吧！

方形・花朵圖樣

四方形的主題圖樣，給人端莊的感覺。
在邊緣花瓣上再編入小線環時，
請利用第二個梭子輔助喔！

作法→P.58

方形・花朵小物袋

四方形的主題圖樣十分容易接合，
也很適合組裝在袋子外側。
編入耳的串珠，是這款梭編作品的重點。

作法→P.60

方形・花朵迷你桌巾

接合完成之後，主題圖樣就變得更加華麗了！
配合放置的空間，可自由調整圖樣的數量。

作法→P.58

百老匯・中國風桌巾

選用在百老匯發現的精緻線材作成的桌巾，
蘊含著東方色彩的氛圍，
我想，是因為made in China的緣故吧？

作法→P.62

百老匯・中國風迷你桌巾

在主題圖樣之間的接縫處，再編入細緻的花樣，
就能有別於上方桌巾的感覺，創造更加華美豔麗的風采。

作法→P.63

花團錦簇小物袋

四方形的主題圖樣，法國新藝術風格般的花朵，
帶著可愛的小袋子出門吧！

作法→P.64

花樣の鑲邊×2

a（上）・b（下）

利用白色細線編織而成的兩種鑲邊，
編綴於手帕或領口邊緣，
展現專屬於你的優雅氣質吧！

作法→P.66・P.67

普普風・糖果色桌巾

選擇充滿魅力的漸層色彩線材編織，
就成了這款甜美的糖果色桌巾。
排列在邊緣的主題圖樣，
也十分富有韻律感呢！

作法→P.65

Step 3

利用Split分裂編法

最後一個步驟，便是將梭編蕾絲線
從裡側編織而成的「Split分裂編法」。
若是運用於作品中，能夠減少收尾打結，
讓蕾絲線材呈現更美麗的樣貌，
是非常重要的技巧之一。

Split Ring分裂環手機吊飾

利用「Split分裂編法」編織線環的單側，
在編織過程中，可以不剪線即繼續編織，
只要多加練習，你也能充分掌握這個編法的竅門。

作法→P.67

華麗杯墊

看起來分量十足、令人愛不釋手的杯墊，
與表面凹凸有致的的杯子十分搭配。
第二段一開始，
請先用手進行「Split分裂」的編織。

作法→P.68．上方為參考作品

紫羅蘭圖樣桌巾

清晰的緣編及立體感，
特別能強調主題圖樣的曲線之美。
這款深色的桌巾，讓人忍不住想裱褙收藏呢！

作法→P.72

花束桌巾

選用細緻線材編織而成的桌巾，
將模樣奢華的線條重覆好幾層地編織&接合起來，
如此美麗動人的花朵，令人忍不住想動手作作看。

作法→P.69

櫻花色公主披肩

寬且長的公主披肩，是以帶有光澤感的絹線編織而成，
在特別的日子裡，讓人格外想要披掛在身上，
製作時，也可以變化成拼接式小圓圖樣喔！

作法→P.74

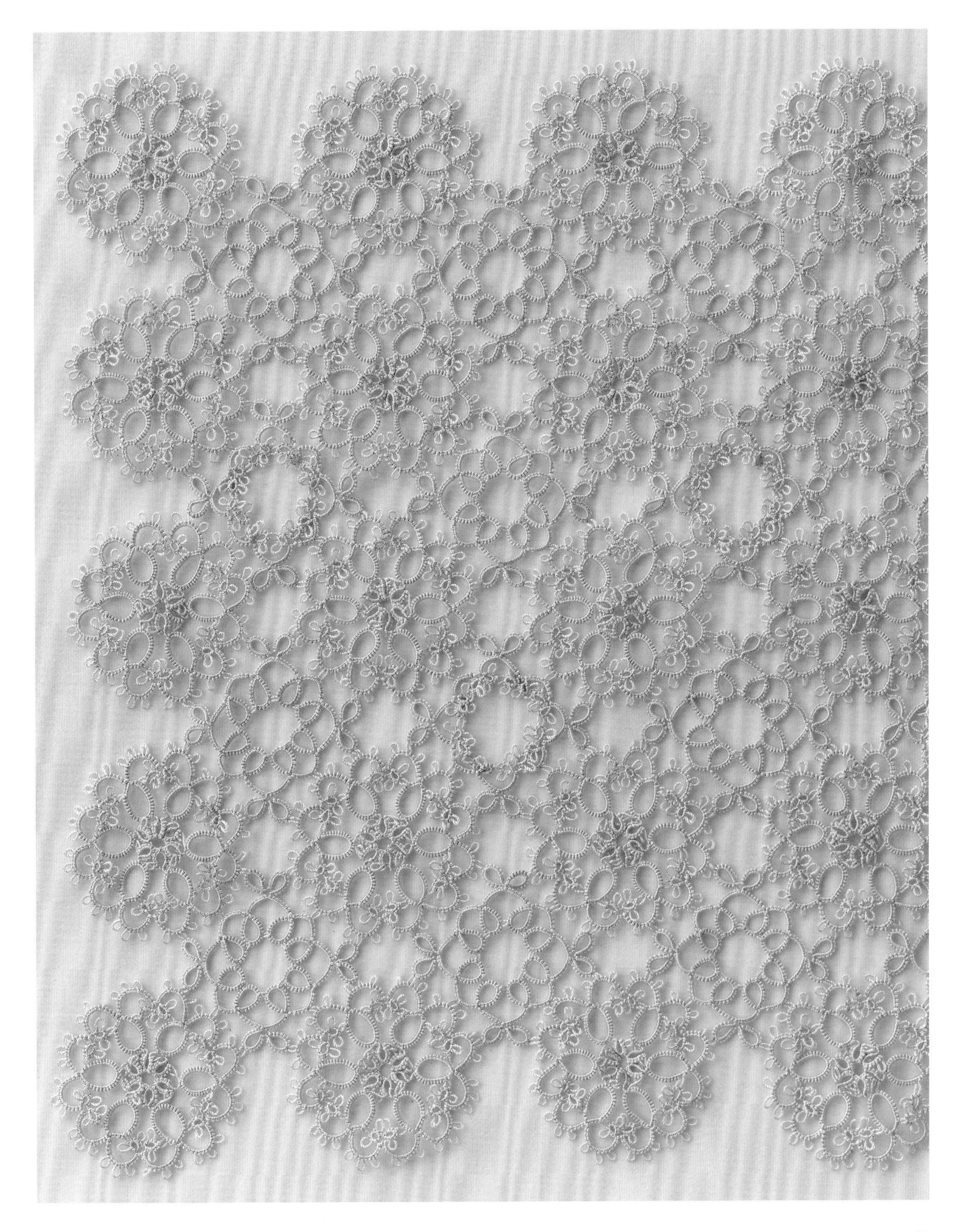

湘南風情の裝飾桌巾

清澈且鮮明的水藍色，非常搶眼！
尺寸較大的邊緣線環，是不是讓你想起清新的露珠呢？
此為本書封面作品。

作法→P.76

※譯註：此謂湘南風情，意指帶有日本鎌倉、江ノ島等沿海地區的情調，
該地的海洋顏色湛藍，十分美麗，故以此命名。

梭編蕾絲の
基礎技法

關於梭子

製作梭編蕾絲時，使用的是這種小船造型稱作「梭子」的工具。基本工具僅需要梭子及剪刀即可。

本書選用的是單側呈尖角狀且有些翹起的梭子，這種梭子稱作「角梭」。角梭是在進行如「接耳（P.42至P.44）」的工作時使用，可將線從小線環中拉出。若您使用的是沒有尖角的梭子，或覺得角梭用起來不順手，就用蕾絲針進行吧！

若將角梭打橫著來看，如下圖，有尖角的那一側為前端，而那一面即為上端。在捲線或拿持梭子時，請特別注意梭子的方向，再進行編織。

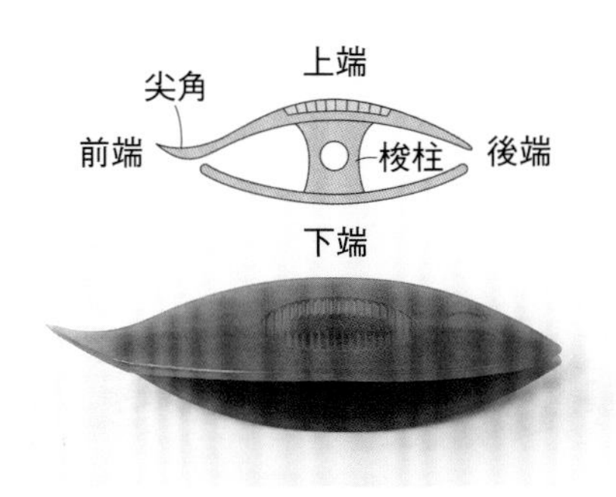

梭子の捲線方式

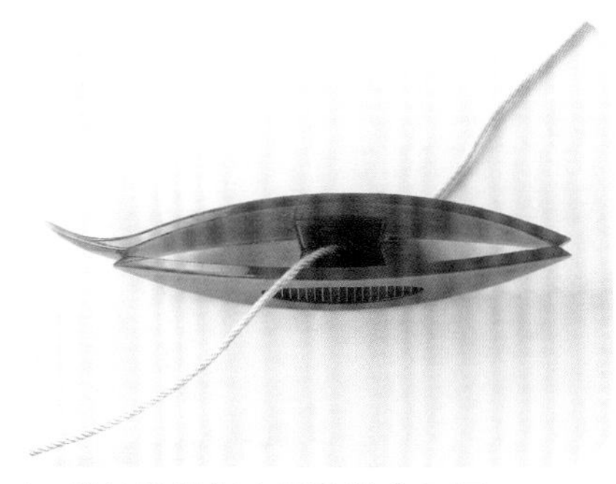

1. 從梭柱的對向側將線穿入洞口，往自己的方向拉出。

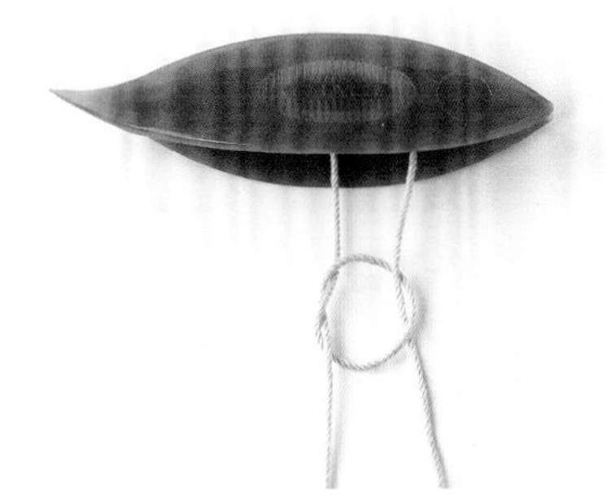

2. 利用線端作成環狀，再於線結側的線材上打一個結，拉緊備用。

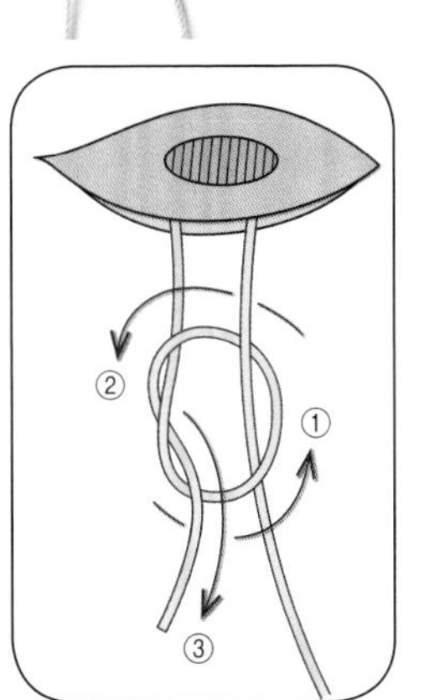

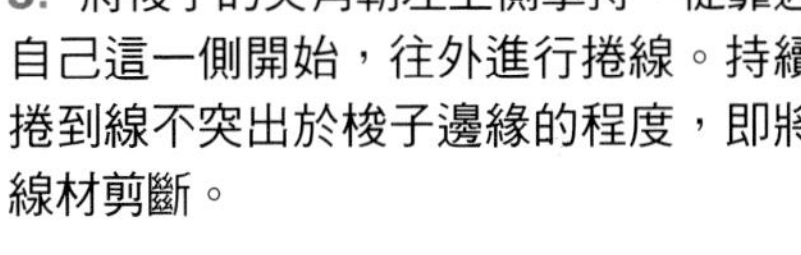

3. 將梭子的尖角朝左上側拿持，從靠近自己這一側開始，往外進行捲線。持續捲到線不突出於梭子邊緣的程度，即將線材剪斷。

關於線材

以下介紹本書使用的蕾絲線。
下列的編織成品，均是以相同目數編織而成的原寸主題圖樣。線的粗細一旦不同，也能讓成品的大小產生變化。一般而言，號數愈大，線材便愈細，但實際上也因各家廠牌有所差異，光澤感也各有千秋。此外，本書選用了許多不同色彩的線材，各家廠牌也擁有許多獨特的色線或漸層線，請依作品所欲呈現的感覺，享受選擇材料帶來的樂趣吧！

OLYMPUS製線公司
EMMY GRANDE線
此款線材最適合初學者使用。由於線材較粗，不僅編織時容易看得清楚，編織完成後也有厚實的分量，無論是作為首飾或杯墊都十分實用。

DMC　珍珠棉線　8號
珍珠棉線原本是刺繡專用的線，若用來當作編織線，就有容易滑動且利於編織的特點。不僅市面上種類繁多，光澤與色彩豐富也是其魅力所在。

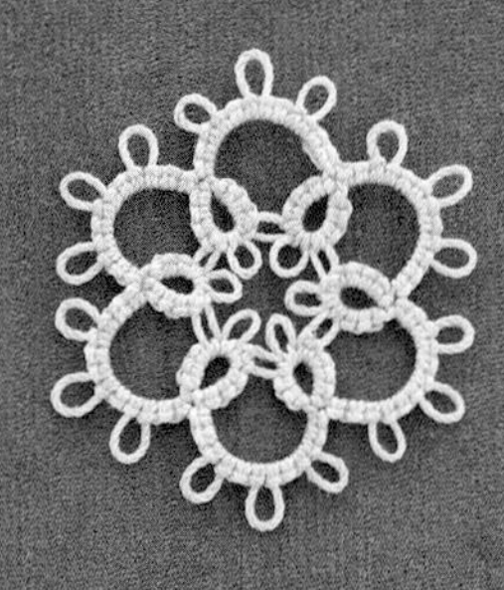

Lizbeth　20號
Lizbeth是在美國販售的線，比起日本的20號線更細。色彩討喜是它最大的特徵，但偶有線結，為中國製。

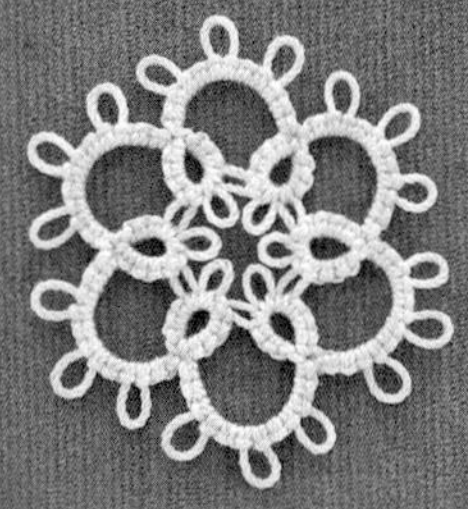

OLYMPUS製線公司　金票線40號
以40號線來說稍粗了些，是一款帶有光澤感的線材，在一般手工藝品店即可購得。

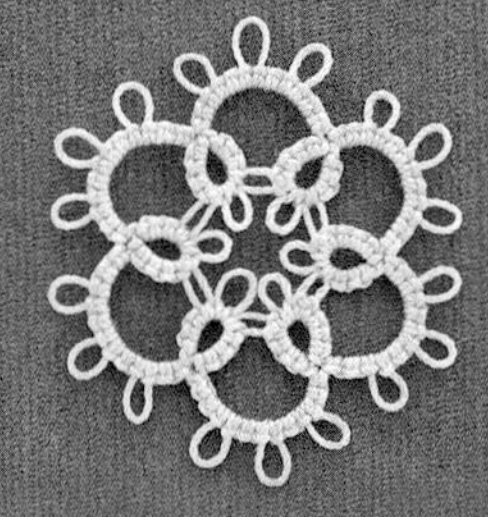

DMC　30號
較細的30號線。包含質感較硬、僅有白色及乳白色兩種的Cordonnet Special線材，以及質感柔軟的Cebelia。

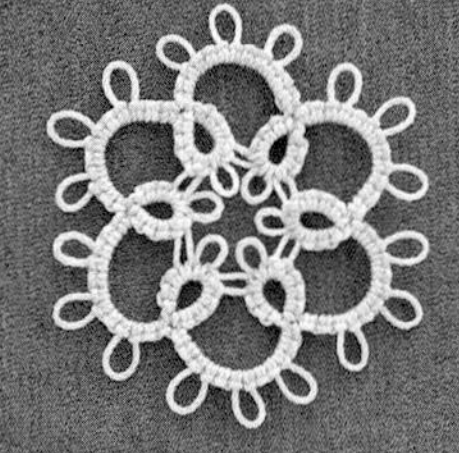

Lizbeth　40號
與上方的20號線相同，比日本的40號線細一些，編織成品質地稍硬。

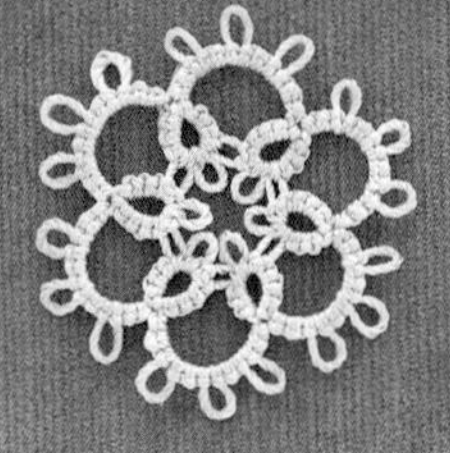

絹線
本書選用了充滿原創性的絹線。由於帶有光澤感且容易滑動，編織起來不易打結，完成的作品擁有豐富的觸感。

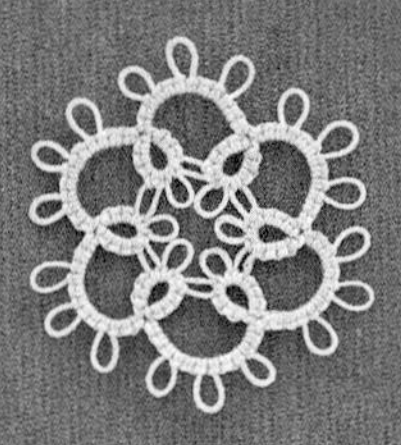

DMC　60號
線材細緻，質感洗鍊，是一款值得熟悉梭編蕾絲的朋友選用的線，用來製作邊緣穗飾及桌布也相當適合。

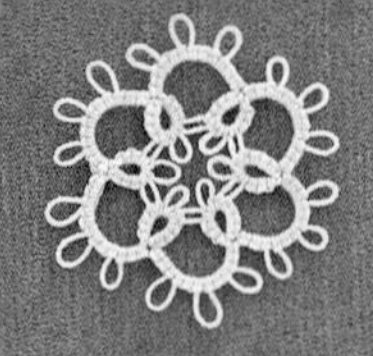

DMC　80號
本書所使用最細的線。完成的織品不僅可以展現纖細的質感，色彩種類也十分豐富。

Lizbeth　20號
雖然在一般手工藝品店較難買到，但色彩及可愛度都相當令人驚豔。在此我們準備了幾款混色及亮色線，十分能引起創作欲呢！

OLYMPUS・EMMY GRANDE線
雖然是適合初學者選用的線，但無論是色系齊全的EMMY GRANDE、配色柔和的Herbs、鮮活的Colors、Lame、絣紋或Mix系列，各式各樣的色彩都值得細細玩味。

DMC　80號
僅有白色及乳白色兩種的Cordonnet Special線，以及色系多樣的Special Dentelles這兩系列，適合用來製作質地纖細而獨特的作品。

DMC　珍珠棉線　8號
擁有專屬於刺繡線材的豐富色彩，實際上可是有200種顏色以上的龐大陣容喔！

絹線
此款絹線是由本書作者盛本知子的母親，同時也是資深梭編蕾絲知名作家──藤戶禎子所開發，具有柔和的光澤，是線材中的極品。

開始編織之前

表裡結（double stitch）

關於梭編蕾絲的結目，可分為「表結」和「裡結」兩種。
包含「表結」和「裡結」的一對結目，稱為「表裡結」，如此是以一針目計算。而梭編蕾絲即是連續編織表裡結，並於其間編入耳（P.37），再加以接合而成。而表結及裡結，則是以掛在左手上的線材（本書稱作「過線」）為中心，再將右手拿持的梭子上下滑動，一邊將之編入。
至於表結及裡結的編法，在P.38至P.39中附有詳細解說，請先稍加練習，上手了之後，再開始編織作品吧！

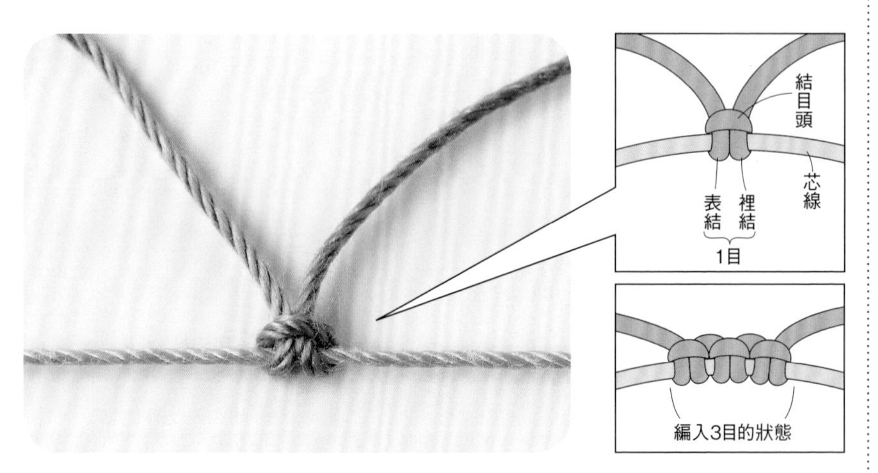

環（ring）&橋（bridge）

梭編蕾絲有兩種編織技法，包含呈圓形的「環（ring）」及呈線條狀的「橋（bridge）」。

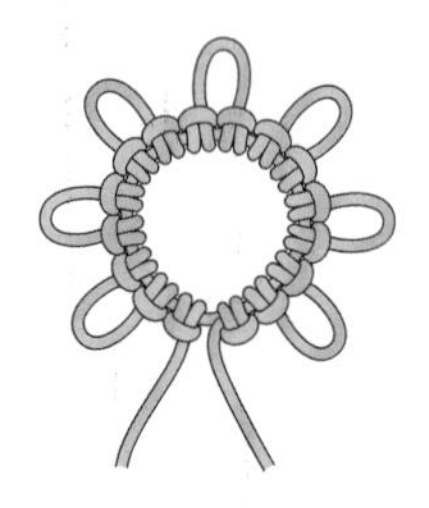

環
利用一條捲在梭子上的線進行編織。如P.40所示，先將梭子上的線掛在左手上，作成環狀，編入表裡結、耳等必要的目數後，再將線材拉緊成為環狀。

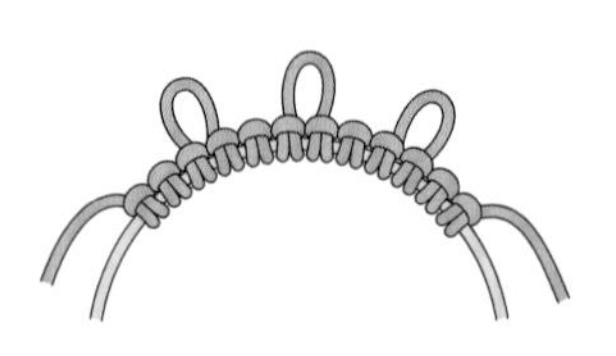

橋
利用一條梭子的捲線，以及另一種線進行編織。由於是要將右手的梭子捲線編入掛在左手的線材上，因此結目會成為一整條線。如同P.38至P.39的解說，由於本書選用兩條不同顏色的線材編織，進行梭編蕾絲時，若能先練習編織橋，就能更加瞭解線的動向了！

耳（picot）&接耳

在表裡結的兩兩結目之間作成的小小線環，稱為「耳（picot）」。
耳可直接編入作品進行裝飾，亦可利用接合的方式，將各個線環連接在一起，稱為「接耳」。接合線環的大小，將因作品造型或線材粗細而有所差異，又因為接合時，是利用梭子的尖角將線材勾出，因此在尚未編得順手時，可先將線環擴大一些，作起來就比較容易了！
詳細作法請參考P.41。

「耳」在兩個結目之間編製而成，使用尺規板進行編織的方式亦同。

如P.42所示，將耳勾接在一起，直到編織順手之前，可將耳的大小調整得大一些，就比較好作了！

「正面」&「反面」

儘管梭編蕾絲的結目無論以哪一面都能作為正面，也都十分好看，但在同一作品中交互編織環及橋時，為了要能夠一筆畫般地順暢進行，應該要像是棒針鉤織一樣正反面交互進行編織，將先織好的那一面翻成背面，再繼續往下製作。因此在作法解說中，現在正在編織部分的那一面是「正面」，而另一面就是「反面」了。
關於結目正反面的辨別方式，比起觀察表裡結的外觀，如右圖觀察耳的部分，更能清楚地判斷。在已編織完成的作品上，單側即可同時看見正面及反面。

基本編織技巧

表裡結（表結・裡結）の編法

＊為了讓照片裡各個步驟看起來更為清楚，我們使用了兩種不同顏色的線，以「橋」來進行表結及裡結的編法解說。
而在這兩條線中，一條是維持捲在線球上的狀態，另一條則是要事先捲在梭子上備用。

編織表結

以橋進行編織表結時的梭子拿法（參考步驟1至3）

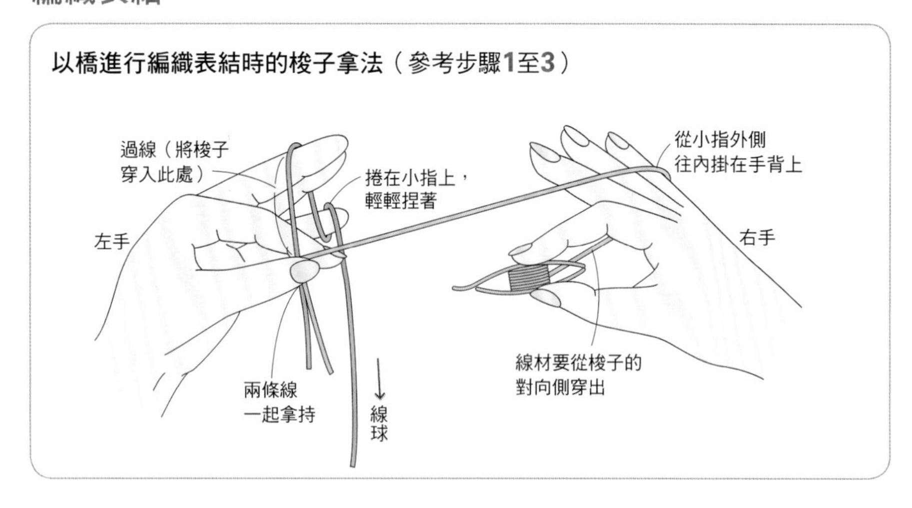

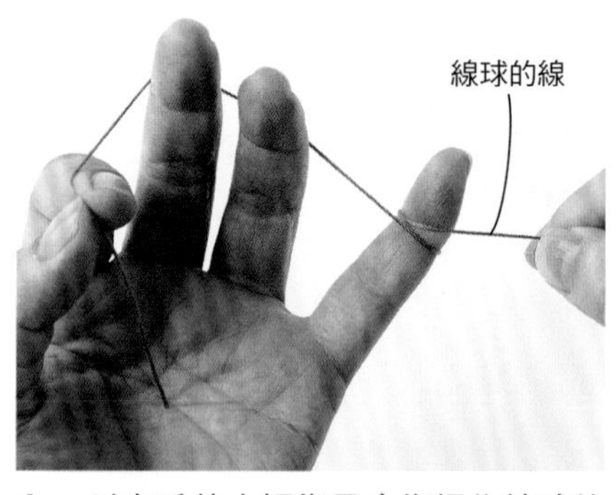

1. 以左手的大姆指及食指捏住線球的線。接著，將線掛在中指及無名指上、再繞小指一圈，輕輕地圈住小指。

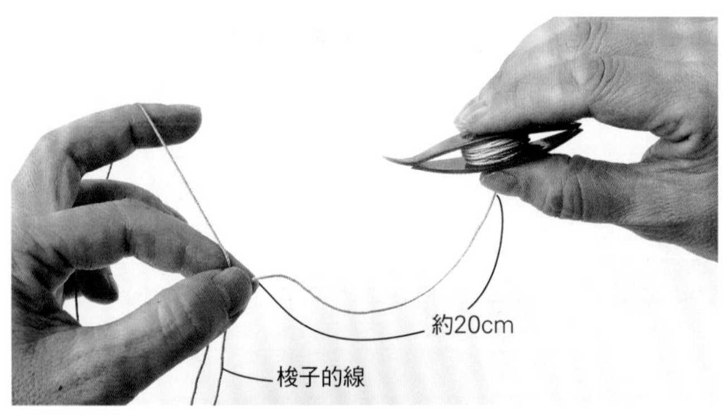

2. 以大姆指和食指再將梭子的線捏住（一共是兩條線），約20cm左右。梭子的線則是從對向側穿出，將梭子尖角朝上、以右手的大姆指和食指拿持。
※練習時，可將兩條線打個結，再拿著線結處編織，會更加容易。

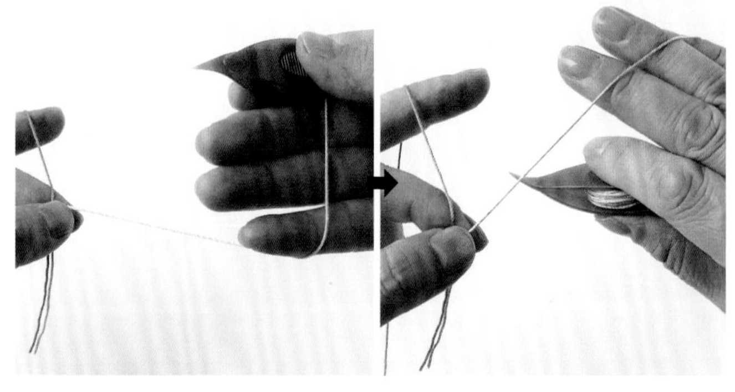

3. 將梭子線從手心側開始、掛住右手小指，再翻轉手腕，使線材掛在手背上。這就是編織表結的梭子拿法了！

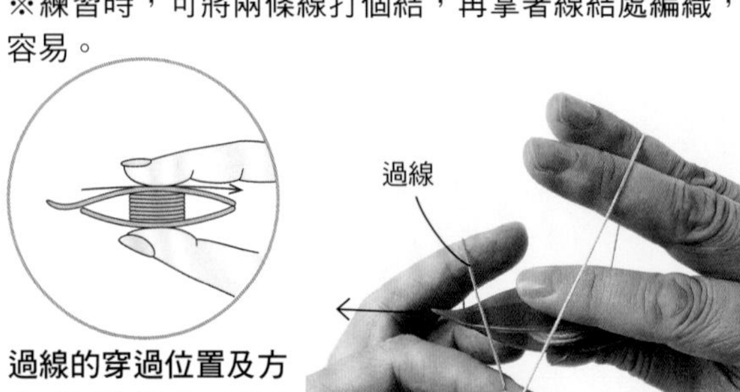

過線的穿過位置及方向（實際情況是要不停地移動梭子）

4. 如圖，將梭子往左方移動，在右手持續拿著梭子的情況下，將左手的過線滑入右手食指及梭子上側之間。

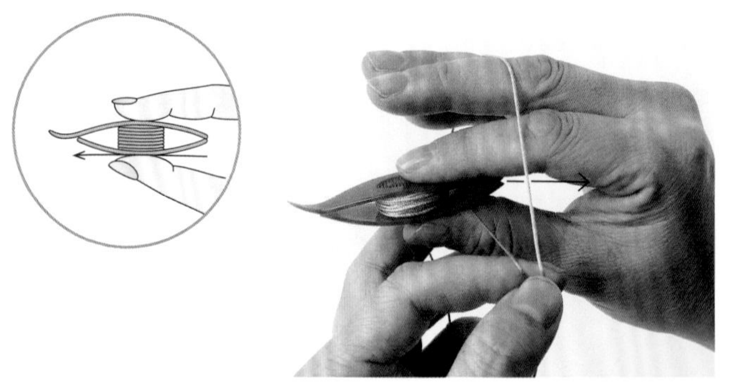

5. 將梭子滑進裡側後，左手不動，請將過線滑入梭子下側和大姆指之間，使其回到原處。

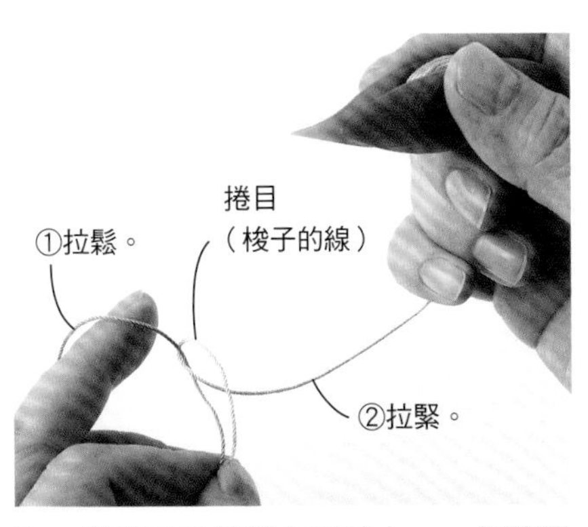

6. 當梭子的線掛在過線上，一個捲目即完成。將左手的過線拉鬆（①），梭子線則拉緊（②）。

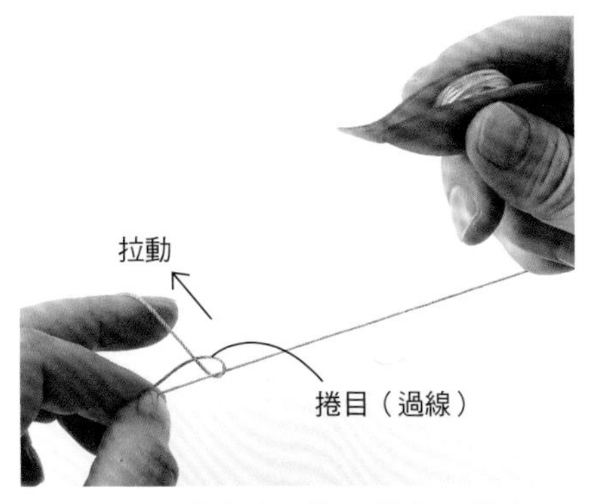

7. 將梭子線的捲目往過線方向移動。

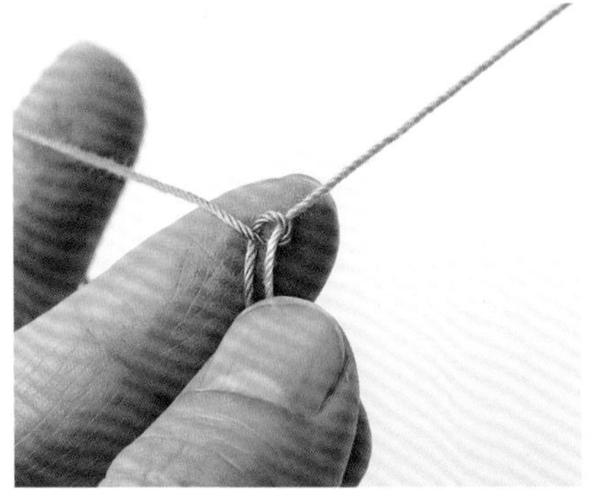

8. 將梭子的線保持拉緊狀態，再拉動過線，將步驟7的捲目拉小，往左手指尖方向移動（參考P.40的插圖）。如此表結即編織完成。

編織裡結

以橋進行編織裡結時的梭子拿法

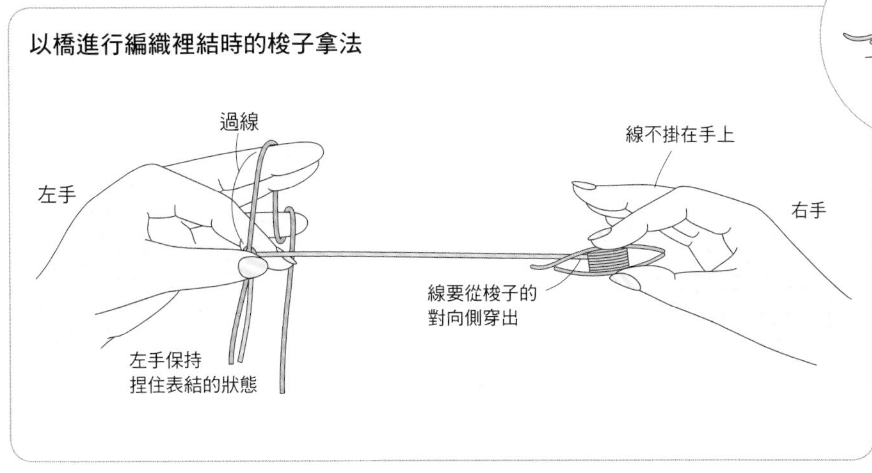

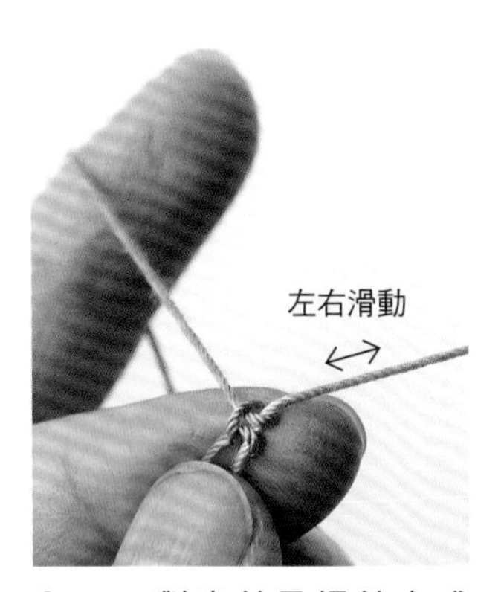

1. 利用左手大姆指及食指，將表結壓住。線不掛在右手上，並將梭子置於左手過線上，將其滑入梭子下側及大姆指之間。

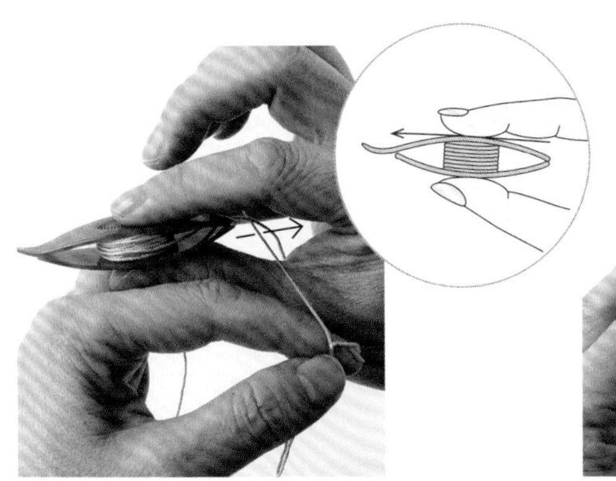

2. 將梭子滑進裡面後，左手不動，請將過線滑入梭子上側和大姆指之間，使其回到原處。

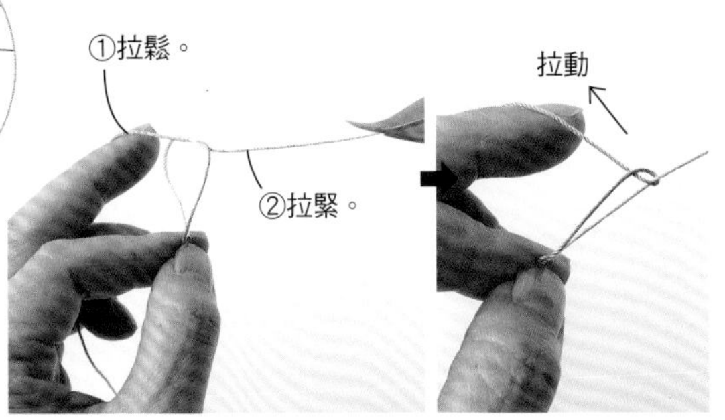

3. 如此捲目即完成。和表結的作法相同，將左手的過線拉鬆（①），梭子線則拉緊（②），將捲目往過線方向移動。拉動左手的過線，使捲目變小，再拖到表結處（參考P.40的插圖）。

4. 一對表結及裡結完成後，一目表裡結即編織完成。以手指壓住結目、拉動梭子線時，若線能如圖中箭頭自由滑動，即代表編織正確。

線の移動方式

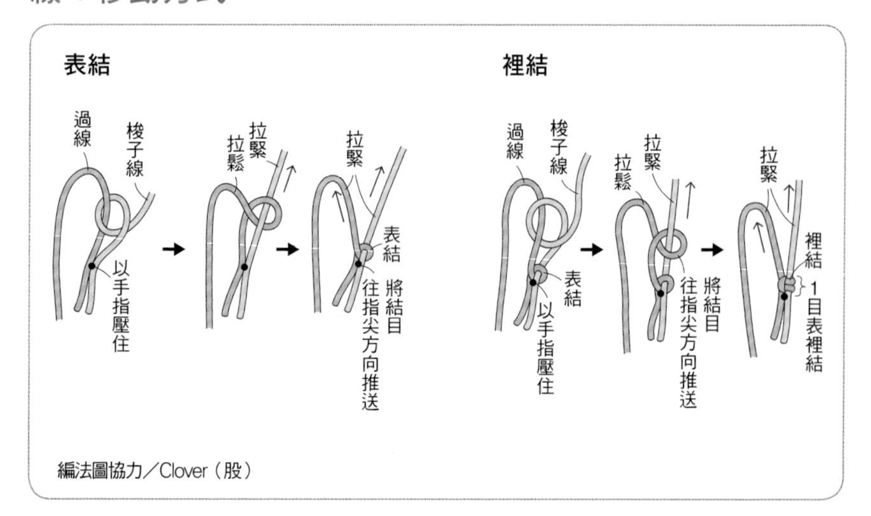

編法圖協力／Clover（股）

錯誤の結目

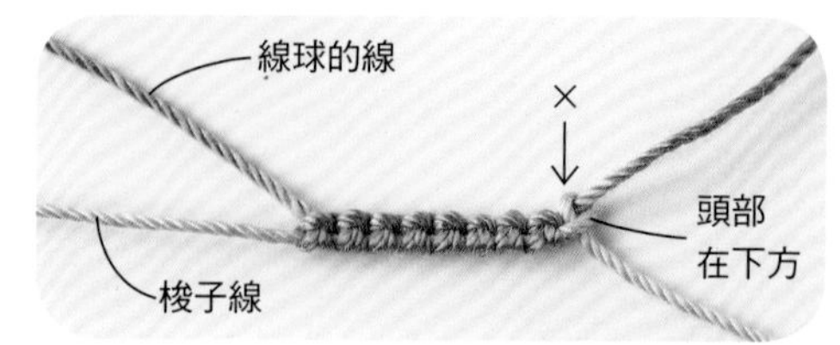

正確的結目，是利用線球的線將頭部朝上編織而成。如圖中右端的針目，梭子線上的頭部朝下，就是錯誤的編法。不僅不像P.39「編織裡結」步驟4能夠自由滑動梭子線，線材顏色也不同。請確實記住「將梭子線的捲目往過線（線球的線）移動！」這個觀念，好好地練習、增加結目的數量吧！

環の編法

編環時，左手的線材拿法

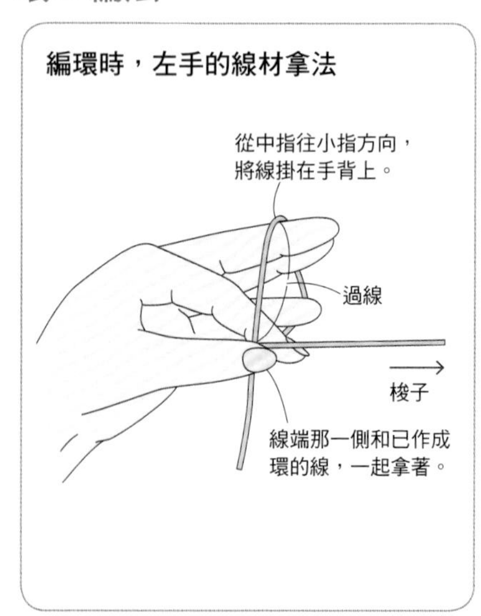

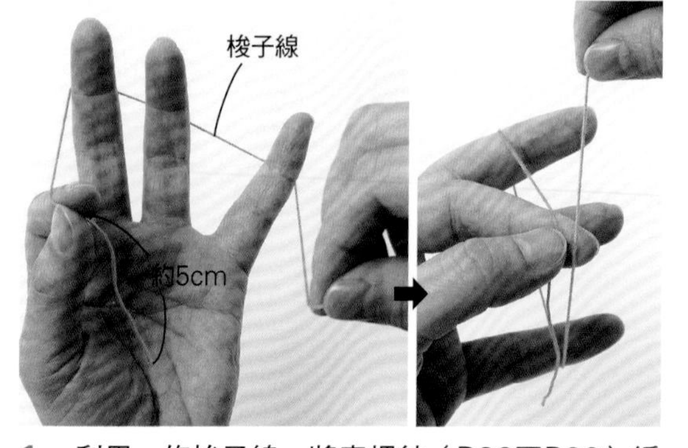

1. 利用一條梭子線，將表裡結（P.38至P.39）編成線圈狀。以左手大姆指及食指捏住距離線端約5cm處，再從中指繞過小指，將線掛在手背上，一起拿著。

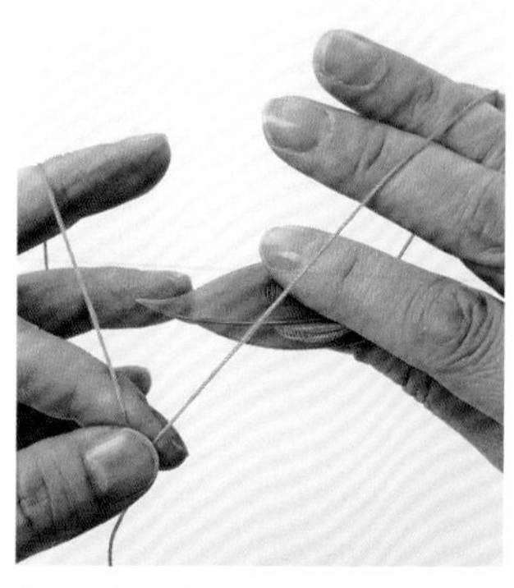

2. 右手梭子的拿法，則是和以橋進行編織時（P.38）相同。如此編入指定目數的表裡結及耳（P.41）。

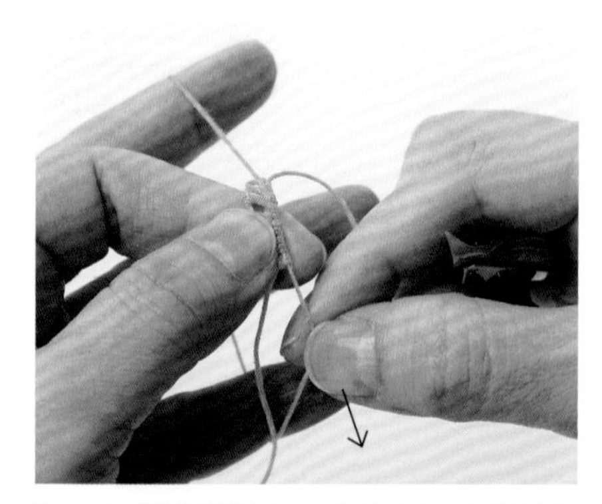

3. 在編織過程中，由於左手的線圈會逐漸變小，因此請如圖中箭頭一般，將線圈往自己的方向拉動，將線圈擴大成原本的大小。拉大線圈時若線無法滑動，即有可能是因為編錯了，故此舉也能順勢加以確認。

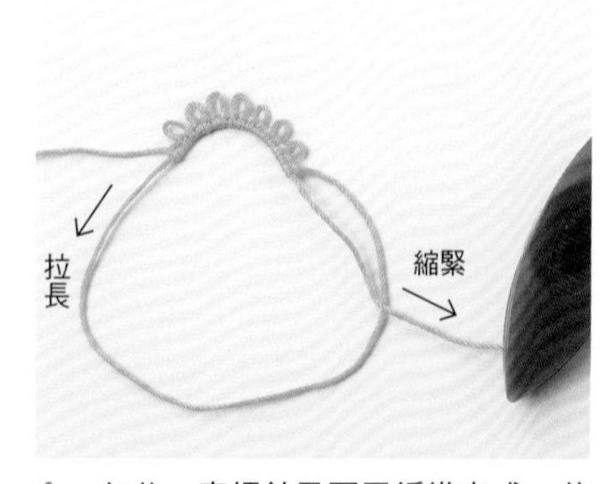

4. 如此，表裡結及耳已編織完成。若拉動左側的線，線圈就會變大，而拉動右側的梭子線，線圈就會變小。

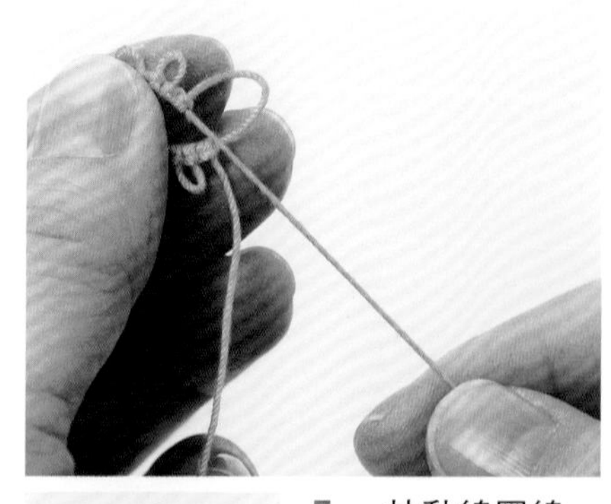

5. 拉動線圈線，將其拉緊、縮口。如此即完成一個環。

耳の作法

在作法中，除了指定步驟之外，
均以與照片內相同的大小作耳。

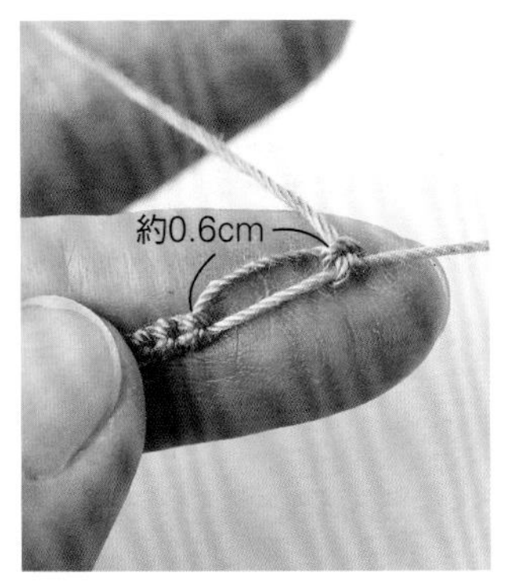

1. 在距離前一結目約0.6cm處，編入表裡結。

2. 拉動結目，在結目之間出現的小線環，就是耳了！

如何使用尺規板作耳

若要連續製作多個較大的耳，就使用以厚紙板作成的尺規進行製作。

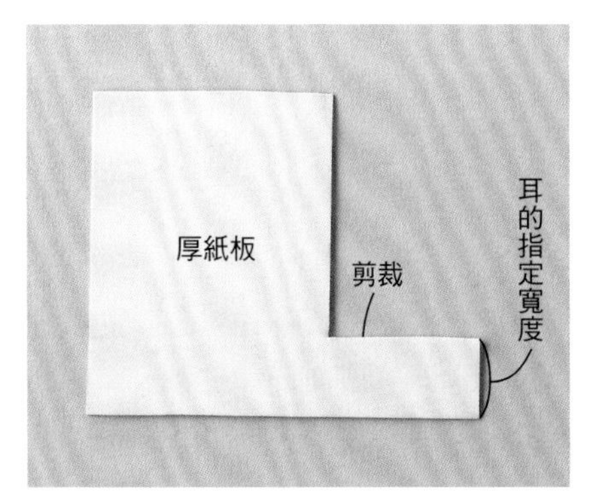

1. 將厚紙板剪裁成指定大小（尺寸請參考各個作品的作法）。

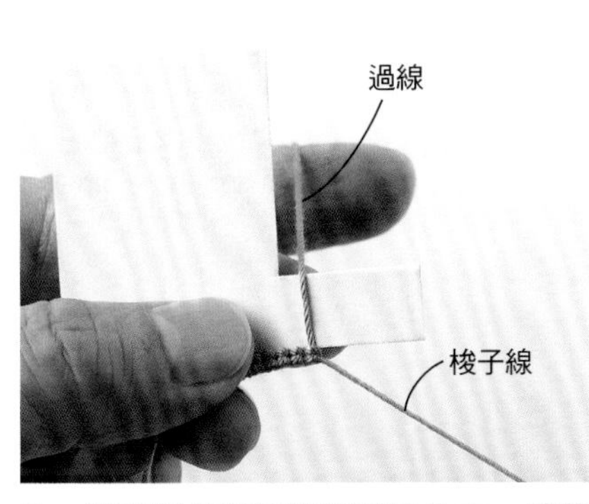

2. 將表裡結編至靠近耳的地方，就將尺規插入左手的過線及食指之間。

3. 一面壓住表裡結的針目及尺規，編入1目表裡結。線必需吻合尺規的寬度，確實拉緊，將表結編入尺規下方。

4. 接下來，裡結則是編入尺規的對向側，如此即完成1目。

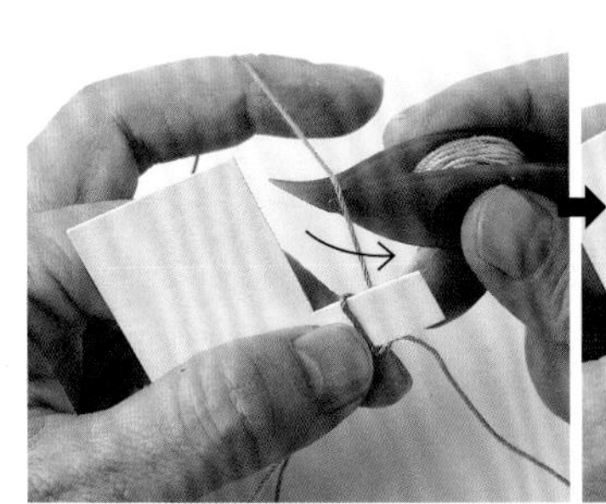

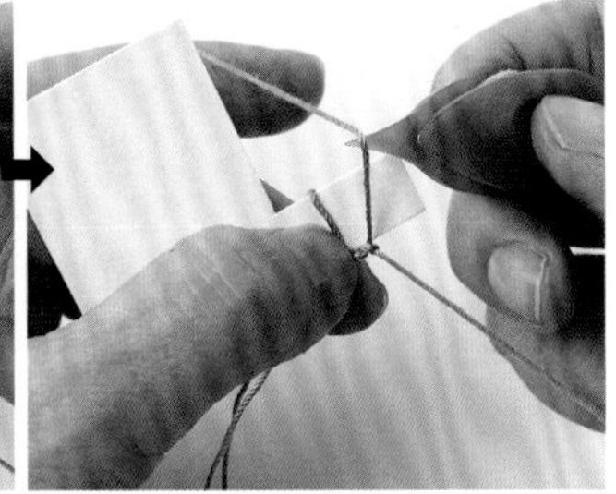

5. 接下來製作耳，則是在編織表結時，利用梭子的尖角勾住左手的過線，如圖拉至尺規的另一側（靠近自己的這一側）。（不作耳的結目，則是在尺規的對向側進行編織）

6. 重複進行步驟3至5，製作耳。

7. 指定數量的耳編製完成後，將尺規抽出即可。

接耳作法A

這是基本的接耳方式。

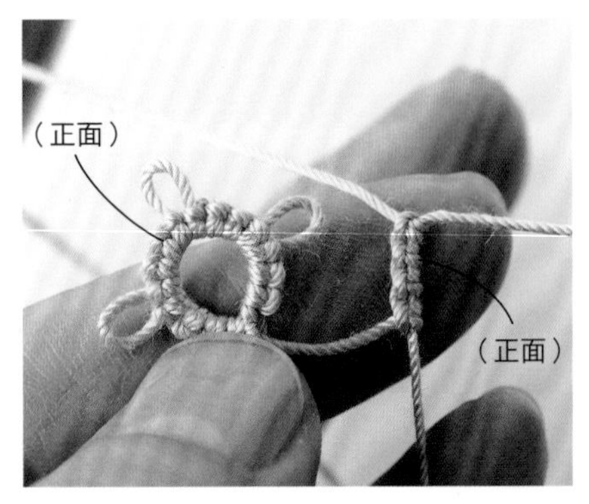

1. 編織結目至欲接耳處，取前一個環正面面對自己，放在食指上。

2. 如圖，將耳疊合在左手的過線上。

3. 利用梭子的尖角，將下方的線從耳中勾出。

4. 勾出後，如圖所示。

5. 擴大勾出的線環，穿入梭子。

6. 輕輕地拉動左手的線，接合耳。此時若太用力拉線，梭子線可能會無法滑動，請特別小心。

7. 接下來，繼續編織表裡結。

8. 完成接耳。

接耳作法B

利用梭編織作品的邊緣時，在中途與主題圖樣的耳接合在一起的方式。

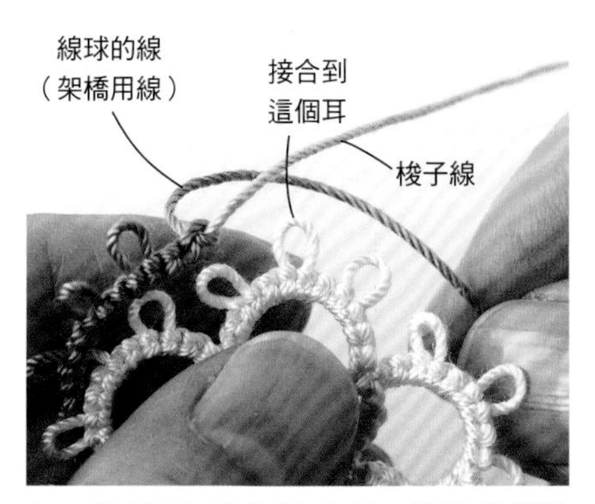

1. 將橋編至靠近接合處，將欲與橋接合的耳置於食指上，再將橋用線繞過梭子線的對向側。

2. 利用線球的線（架橋用線），以P.42接耳作法A步驟2至6的要領，將上下接合。

3. 接耳完成。若梭子線能夠左右滑動，即表示接合正確。

接耳作法C

與接耳作法B相同，也是在架橋中途與耳接合在一起的方式。

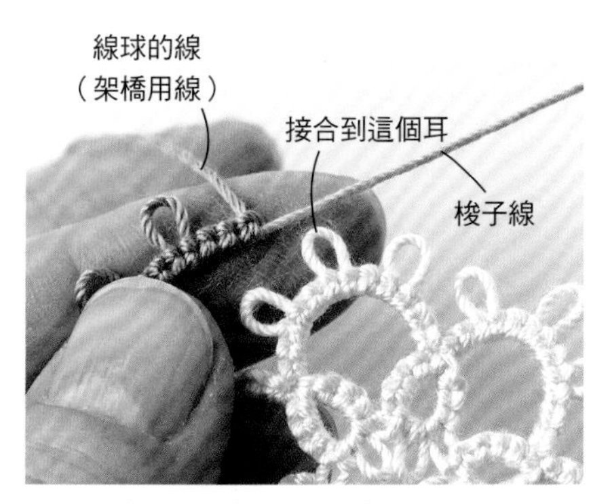

1. 將橋編至靠近接合處，將欲與橋接合的耳置於食指上。線球的線（架橋用線）則請避開中指側。

2. 利用梭子線，以P.42接耳作法A步驟2至6的要領，將上下接合。

3. 接耳完成。由於是以梭子線作接合，因此接合處的結目是固定且無法滑動的。

接耳作法B與Cの差異

雖然這兩種作法都是在架橋中途接耳，但作法B是以線球的線（架橋用線）、作法C則是以梭子線進行接合。為了使圖片更加清楚好懂，當線環及梭子的線改變了顏色，就會發現作法C的接合處上，能夠看見突出的梭子線（若以相同顏色的線編織，這樣的接合突出便不明顯）。此外，作法B的梭子線能夠左右滑動，而作法C不行。因此，作法B在編織完成後，只要拉動梭子線，就能調整橋拱形狀。而作法C的接合處是呈固定狀態，因此在編織時，就需一邊調整橋的形狀，一邊進行接合。

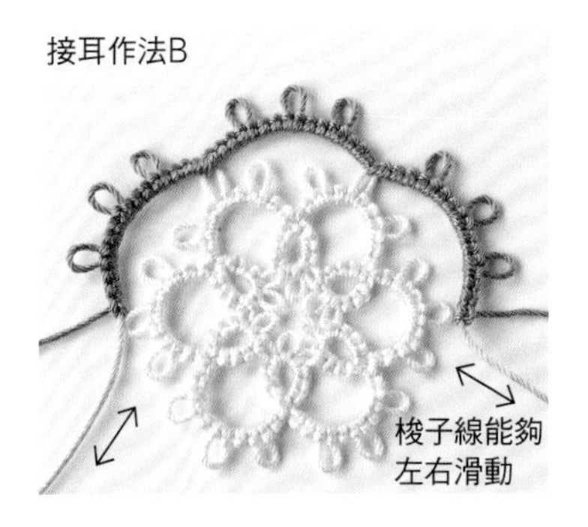

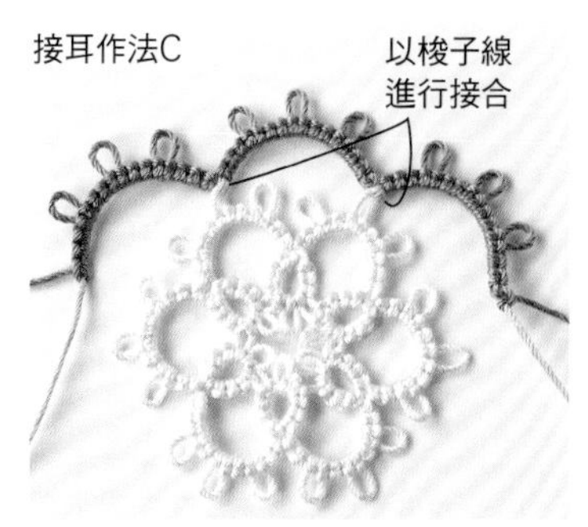

接耳作法D

連續編製環，將最初的環與最後的環接合在一起的作法。利用如同摺紙的動作，改變最初編織的環的方向，置於最後編織的環（即現在正在編織的環）左側。在此我們以P.10的茉莉花圖樣進行解說。

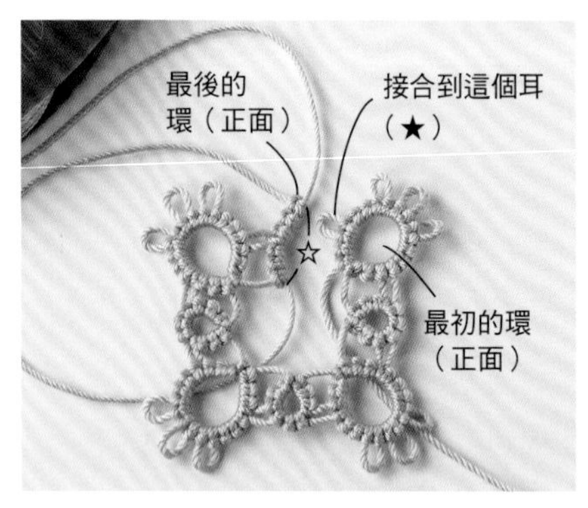

1. 將最後的環編至與最初的環的耳接合處（★），如圖所示。

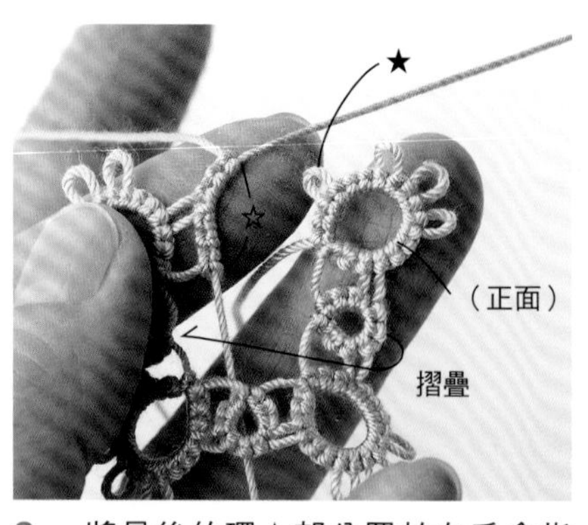

2. 將最後的環☆部分置於左手食指上，依箭頭方向將織片對摺、疊合。

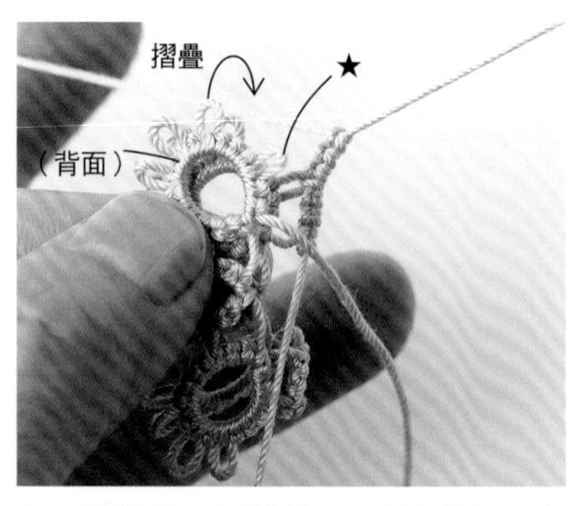

3. 對摺後，如圖所示。再次依箭頭方向，將最初的環往對向側摺疊、翻回正面。

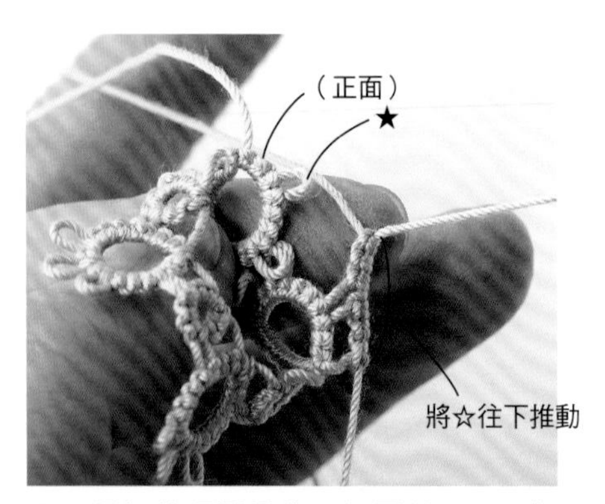

4. 最初的環摺疊後，如圖所示。☆部分請往食指下方的方向推送，與最初環的★並排在一起。

5. 以與（P.42）接耳作法A步驟2至6相同的作法，接合在（★）的耳上。

6. 繼續編織表裡結，製作最後的環。

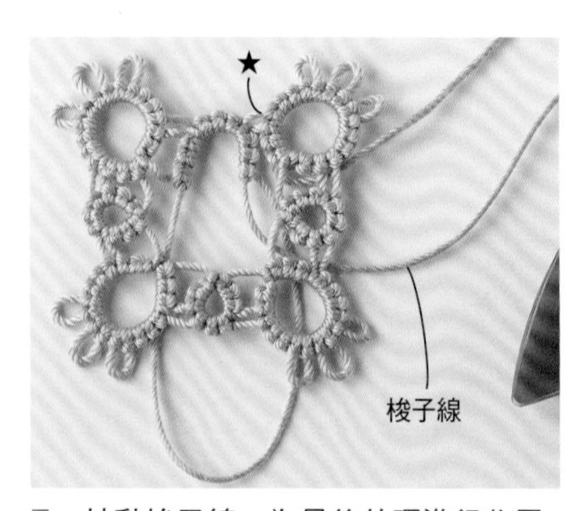

7. 拉動梭子線，為最後的環進行收尾。

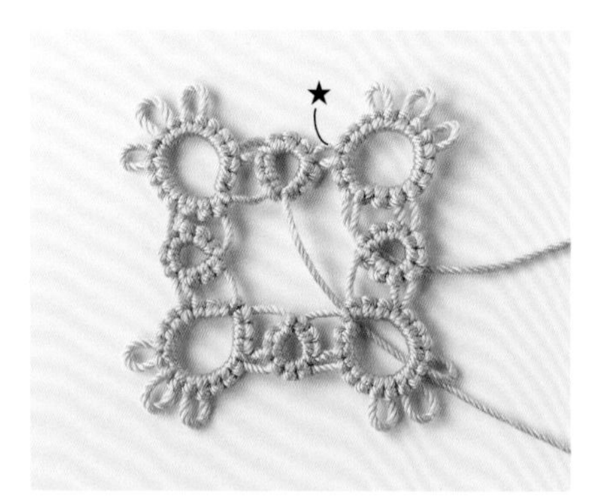

8. 編製完成最後的環。

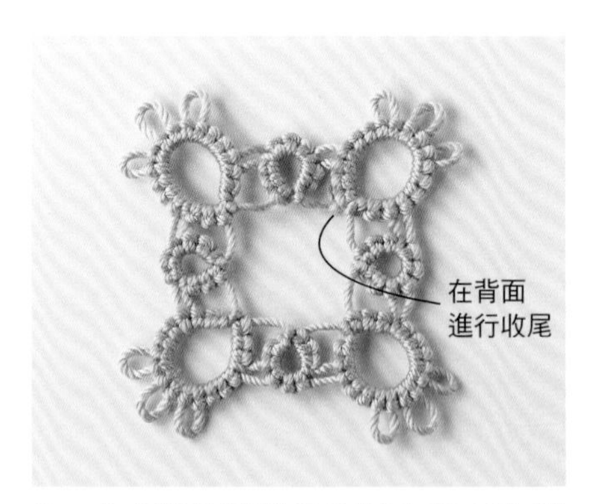

9. 在起編的線環背面收尾（P.46）即完成。

Split分裂編法

使用兩個梭子，從裡側開始編織一個環的方式，就稱為「Split分裂編法」，而這個環則稱為「分裂環（Split Ring）」。如此重複相同的步驟編製穗飾，或因設計的差異不剪線就繼續往下一段編織，是其竅門之一。在此以P.22的手機吊飾進行解說（線材的移動方式，則請參考P.46的插圖）。

＊為了讓各個步驟看起來更清楚，使用了兩種不同顏色的線分別捲在兩個梭子上，進行詳細步驟說明。

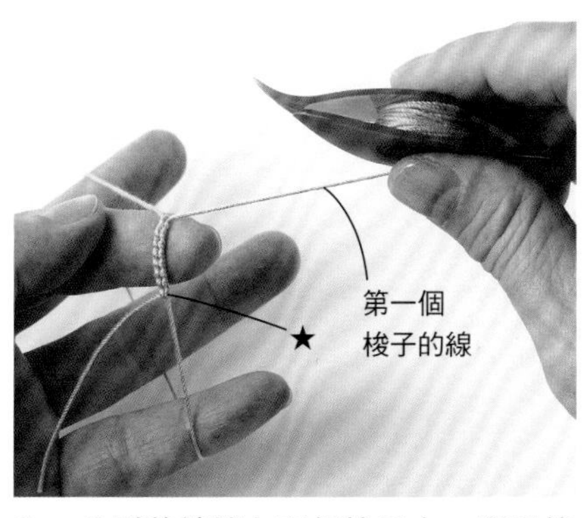

1. 分別將線捲在兩個梭子上。利用第一個梭子的線，以製作環的方式編織8目表裡結。

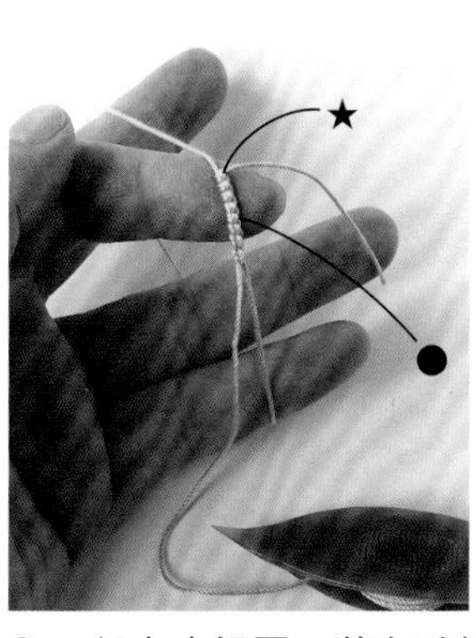

① 梭子 線端

利用右手拿取環的小指部分（◆），使其抽離左手。

② 線端 梭子

將環的方向上下顛倒，更換梭子後，再掛在左手上（結目的方向改變）

2. 如上方插圖，將左手的環結目上下顛倒拿取，使起編側（★）朝上，置於食指上方。而表裡結的頭部（●）則在右側。

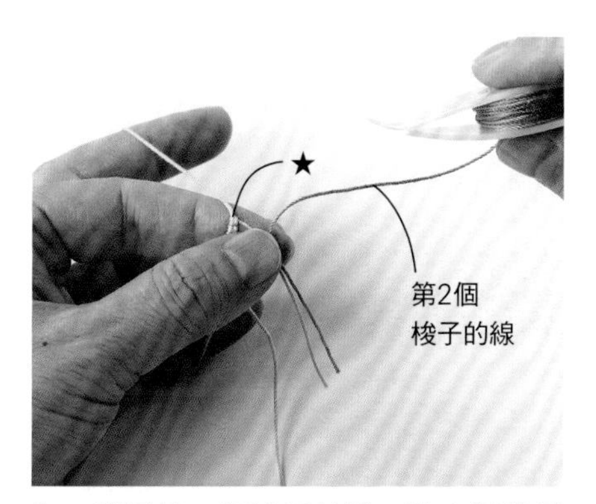

3. 利用第二個梭子的線，將表裡結編在第一個線環上（步驟4至8）。

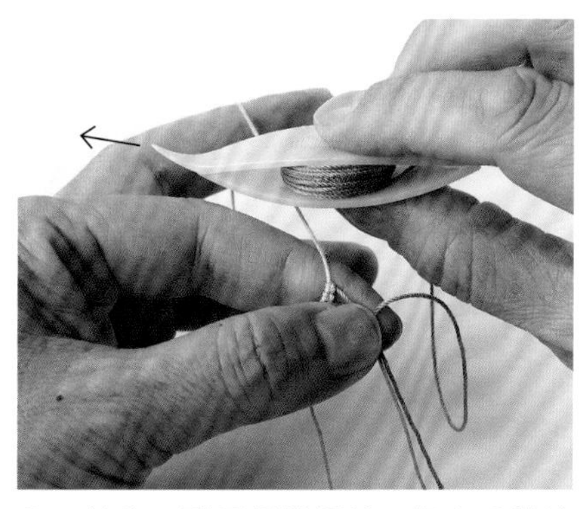

4. 首先，雖是編織裡結，但左手的線並不拉鬆。

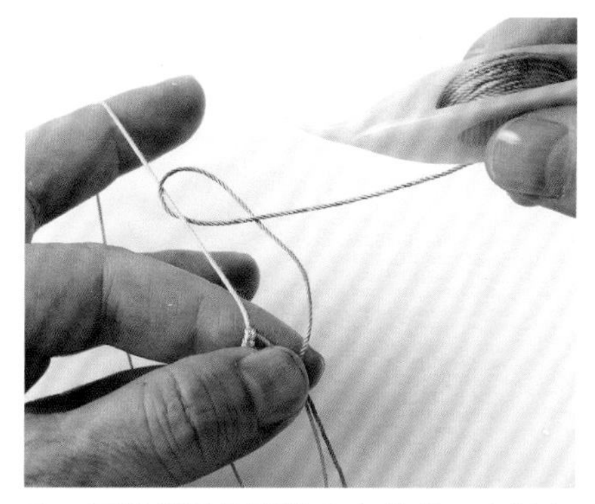

5. 不將捲目往過線方向移動，直接留下第2個梭子的線。

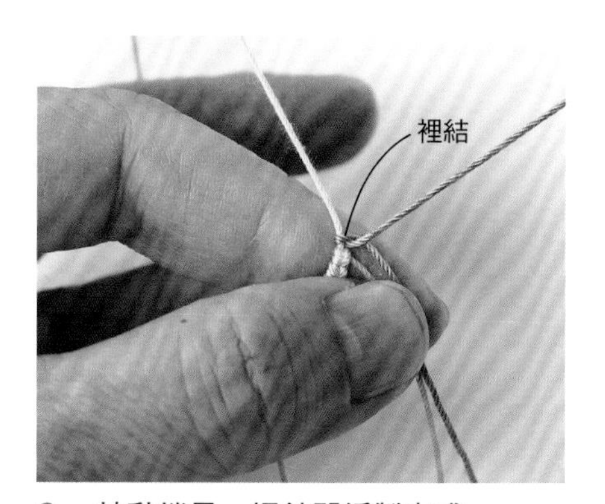

6. 拉動捲目，裡結即編製完成。

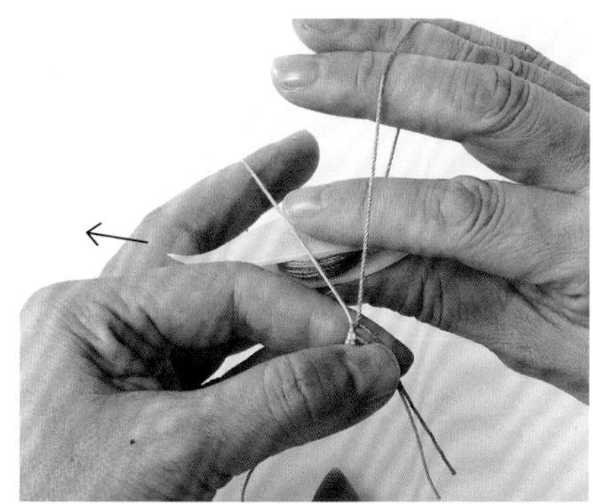

7. 同樣地，表結也不往過線方向移動，直接編織。

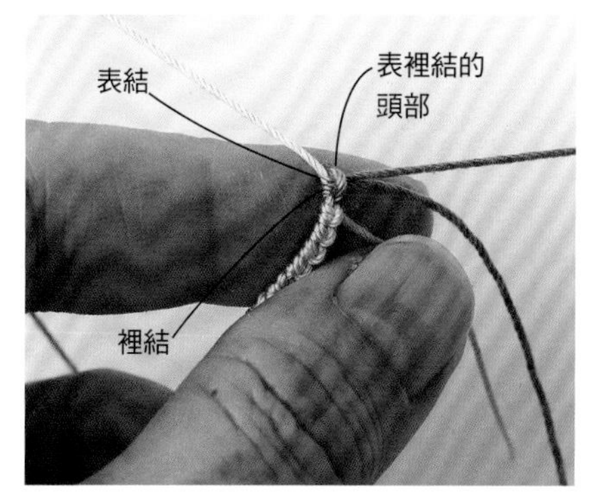

8. 1目表裡結編製完成。頭部則在右側處。利用相同的方式，總共編織8目表裡結。

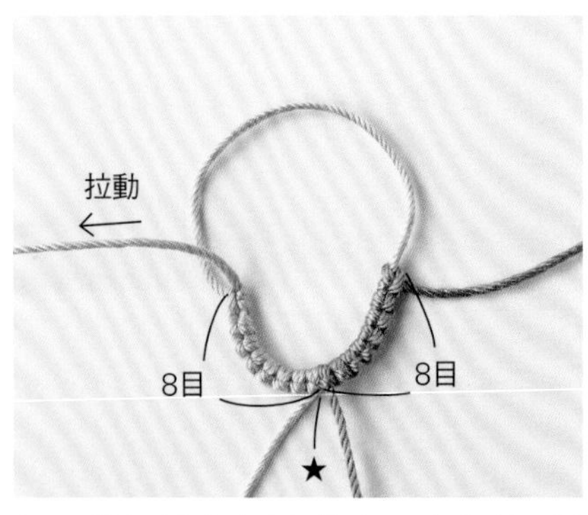

9. 從起編處（★）往左、右各編8目後，如圖所示。接著拉動環的線（第一個梭子的線），將環縮口。

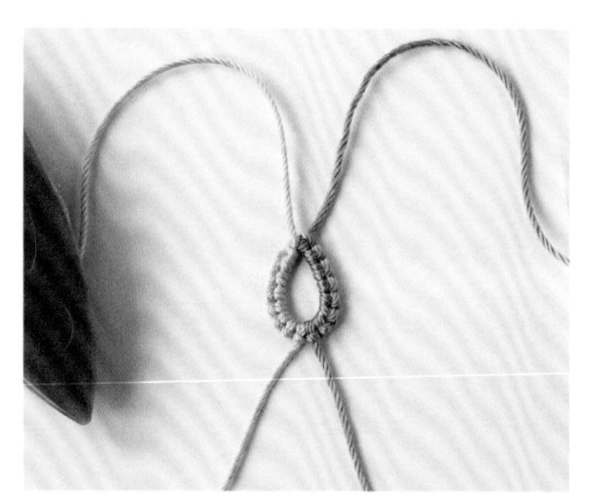

10. 「Split Ring分裂環」編織完成。

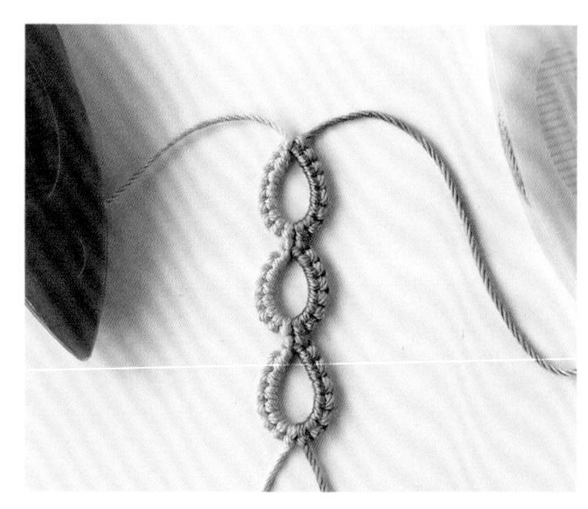

11. 重複步驟1至10，環狀穗飾即製作完成。

Split分裂編法の線材移動方式

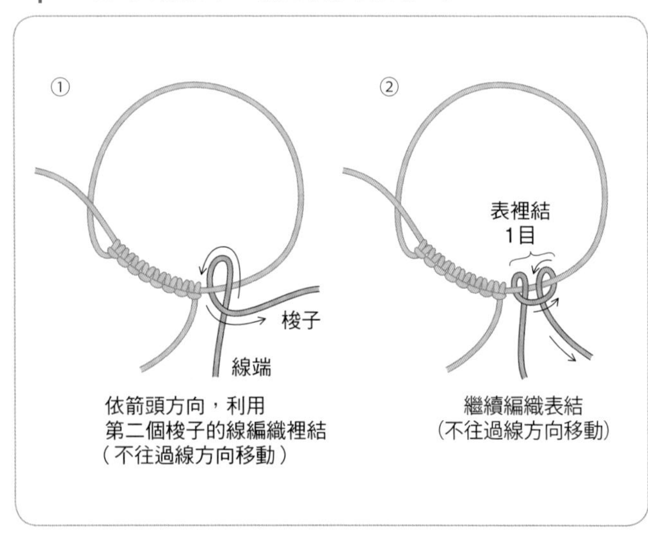

以手編進行Split分裂編法

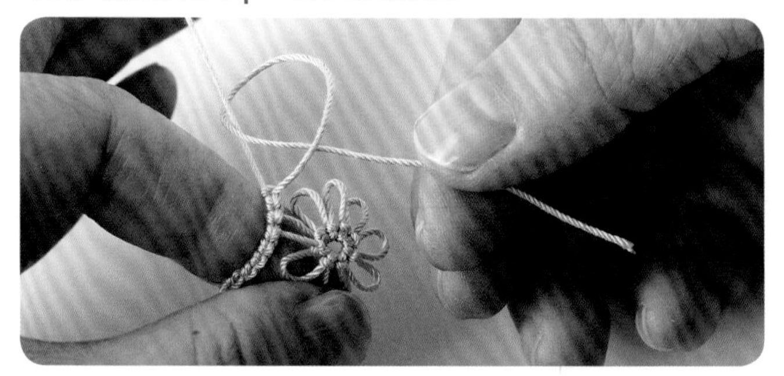

關於Split分裂編法，有些是以線端側的線編織表裡結（如P.23作品）。如圖所示，即使沒有能夠捲在梭子上的足夠線材，只用手指來進行與梭子相同的編織方式，逐一移動線材，亦能依裡結、表結的順序來編織表裡結。編織時，記得拉動線材的力道及方式都要與梭子編織時相同，再將結目都調整成同樣的大小。

線頭處理

所有作品都編織完成後的收尾或換線時的處理方法。在此以P.6作品進行解說。

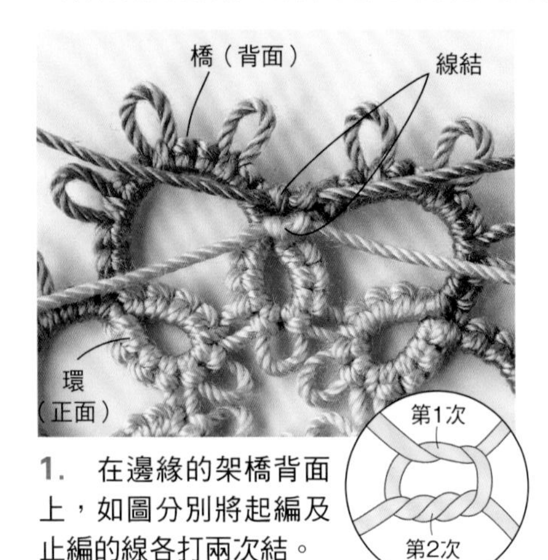

1. 在邊緣的架橋背面上，如圖分別將起編及止編的線各打兩次結。

2. 在距離線結3mm處剪線，利用牙籤塗上布用接著劑，將線端貼合上去。

3. 線頭收尾，處理完成。

小花圖樣

作品P.6

＊為了讓各個步驟看起來更清楚，我們以左圖主題圖樣的配色進行示範。

＊開始編製前，先將A色線捲在梭子上，架橋用的B色線則是維持線球狀態，或事先捲在厚紙板上。

＊織圖請參考P.49。

完成尺寸

直徑4cm

材料&工具

1 相當於20號線的木棉線材

A色・B色……各2m

2 梭子

3 剪刀

4 布用接著劑

其他 牙籤及直尺等

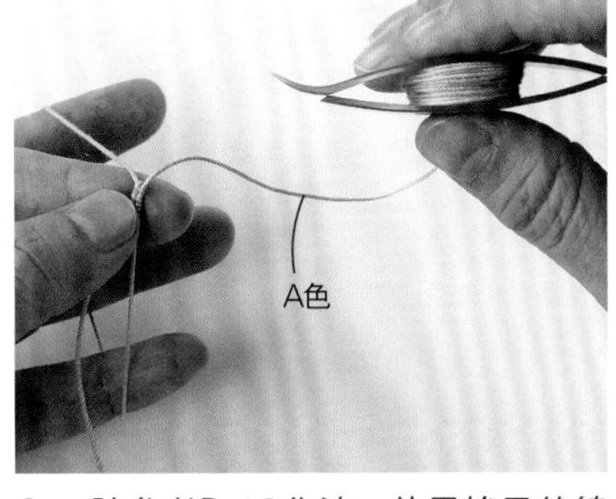

1. 請參考P.40作法，使用梭子的線（A色）製作有表裡結及耳的環。

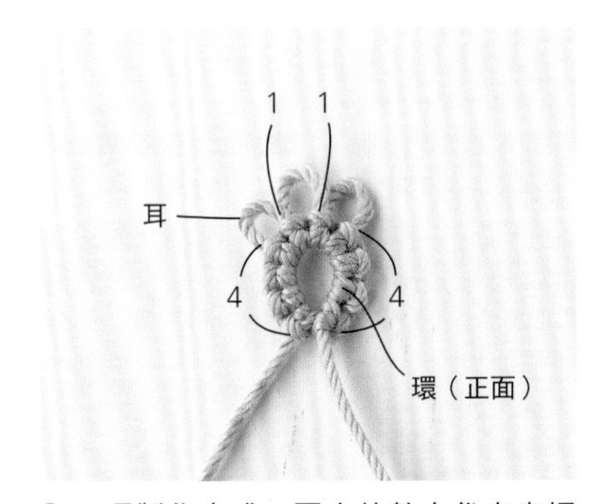

2. 環製作完成。圖中的數字代表表裡結的目數。

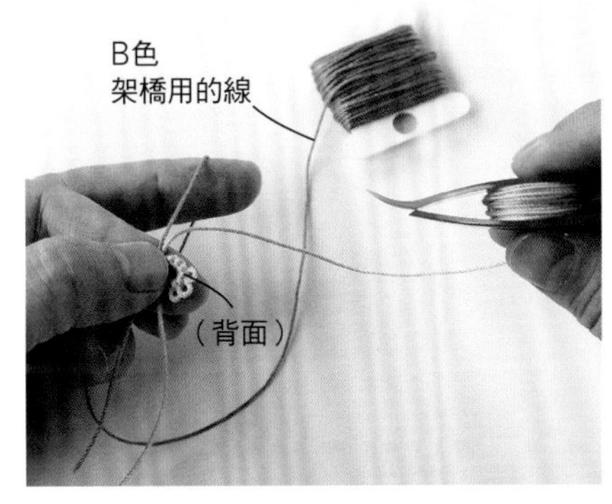

3. 準備架橋用的線（B色）掛在左手上，再將步驟2的環翻至背面，一起拿持。

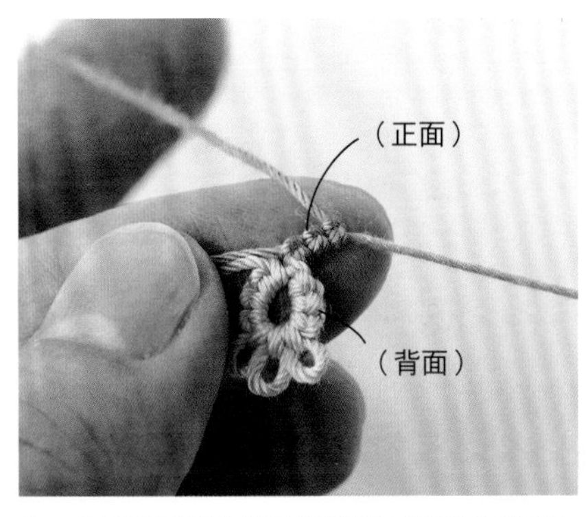

4. 以指定目數的表裡結及耳製作架橋。

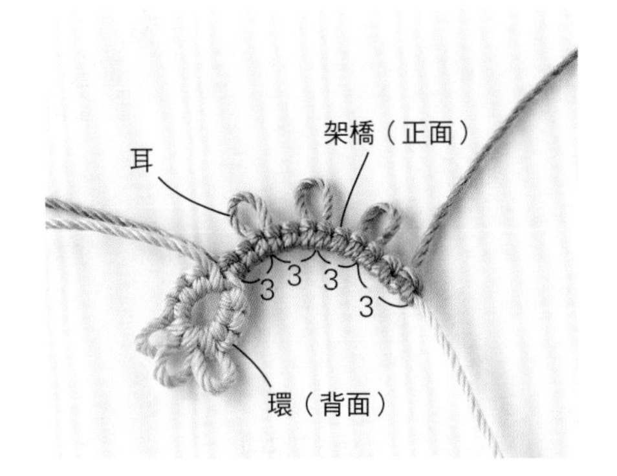

5. 架橋製作完成。

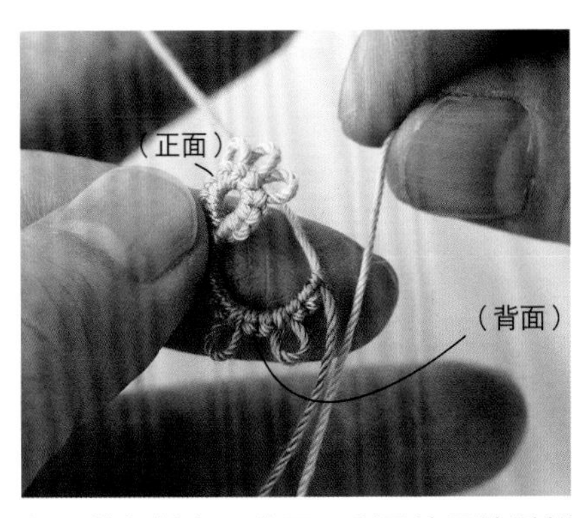

6. 將架橋翻至背面，利用梭子線編製下一個環。

7. 如圖所示，編織表裡結至靠近接耳處。

8. 參考P.42接耳作法A，進行接耳。

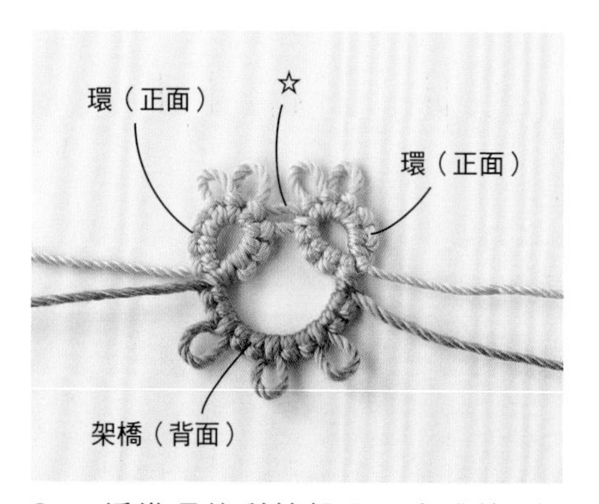

9. 編織環的剩餘部分，完成第2個環。

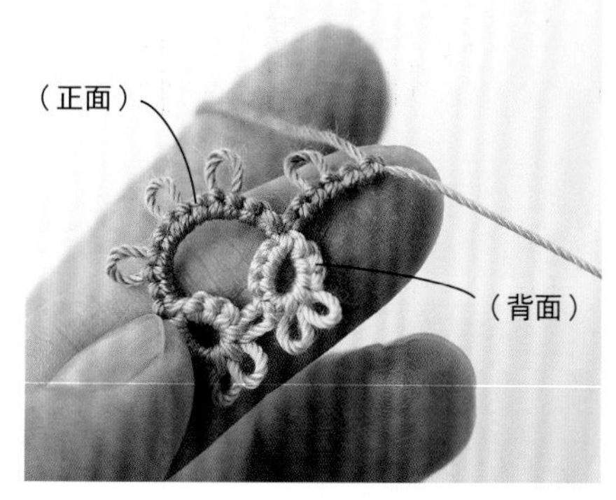

10. 將步驟9的成品翻至背面，重複進行步驟4至9，製作架橋及環。

11. 最後一個環的3個耳當中，要在第1個及第3個耳作接耳。第一個與之前的作法相同，與前一個作好的環接耳（★）。

12. 第2個耳直接編織，第3個則是與最初環的耳（◆）接合在一起。

13. 最初及最後的環接合完成後，整個環即編織完成。

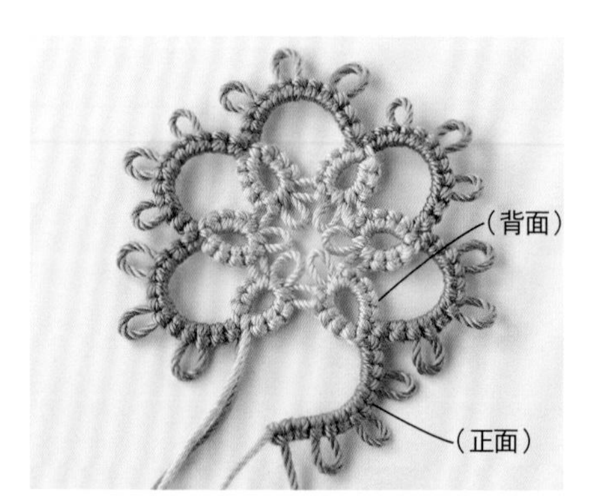

14. 將步驟13的成品翻至背面，編織最後的架橋。

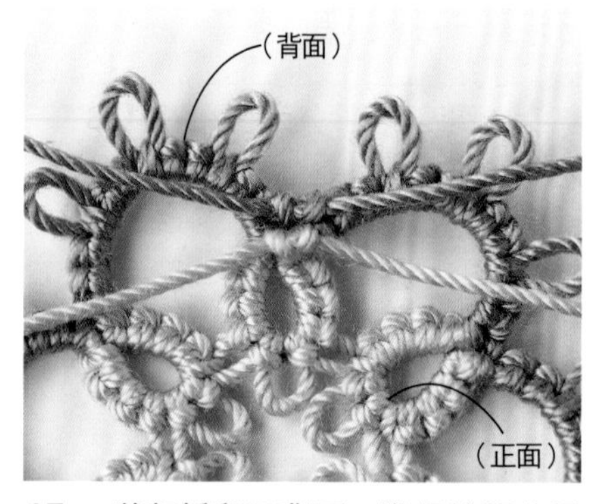

15. 將架橋翻至背面，進行線頭收尾（P.46）。

16. 完成主題圖樣編織。

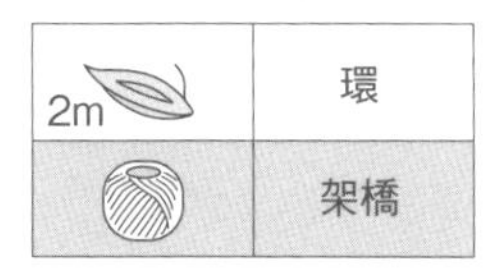

2m	環
	架橋

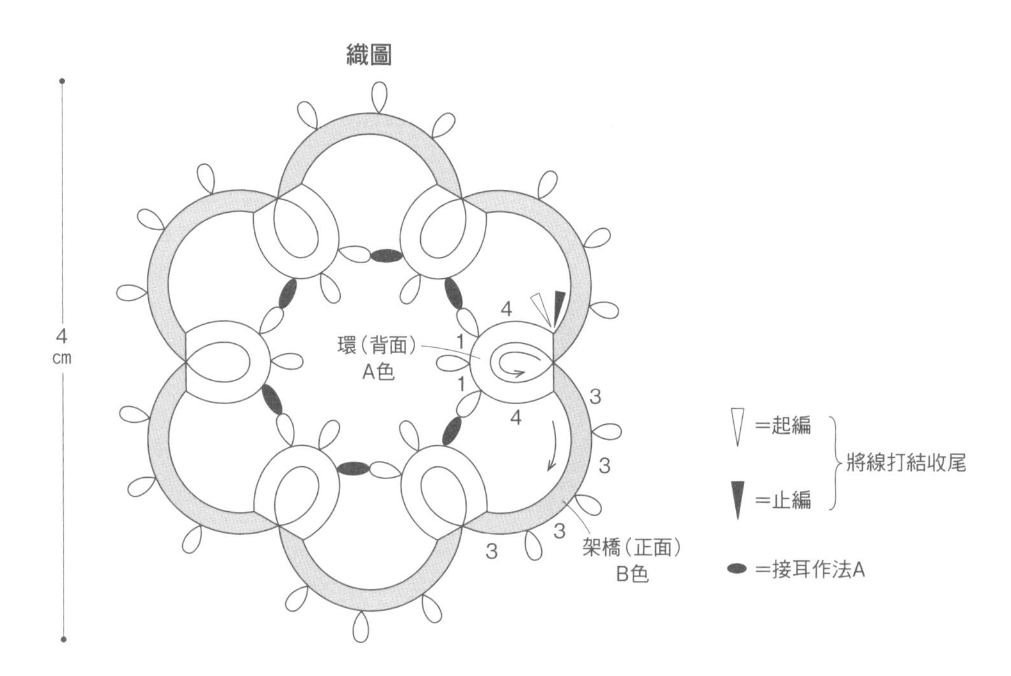

作法頁の記號說明

織圖の閱讀方法

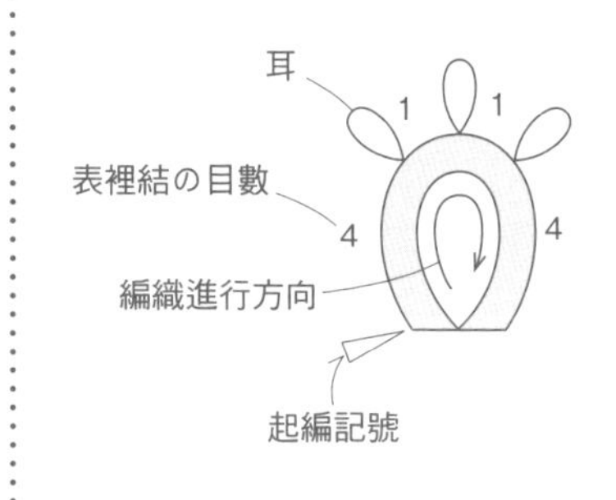

線の準備圖示

2m ＝將指定長度的線捲在梭子上（左圖為2m長）。在最長的情況下，將能捲在梭子上的線捲上，若線用完了，就一邊捲上新線，一邊進行編織。

＝直接使用線球編織

1m ＝從線端開始，將線捲在梭子上（左圖為1m長），不將線剪斷，保持線球模樣直接編織。

Max ＝將能捲在梭子上的線捲上，不將線剪斷、而保持線球模樣直接編織。若線用完了，就一邊捲上新線，一邊進行編織。

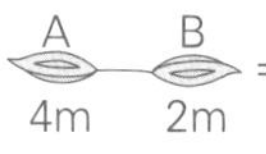

＝使用兩個梭子，將指定長度的一條線捲在梭子上（左圖為合計6m）。請參考下方插圖的要領進行編織，梭子側為A梭子、線端側則以B梭子製作。

利用　起編の作品

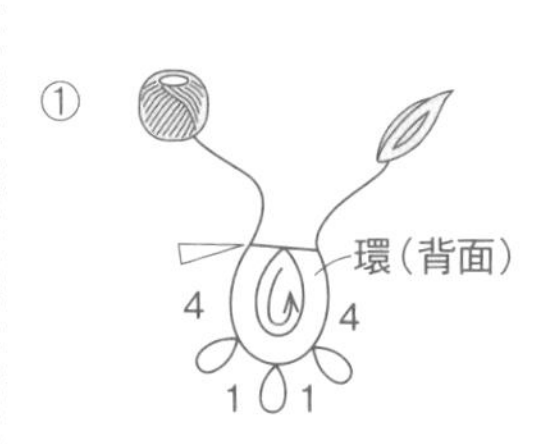

起編（▷）時，
利用梭子線編織環
（線球側不使用）

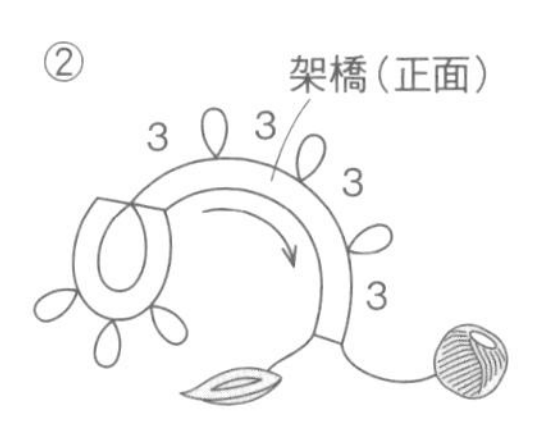

將步驟①的成品翻至背面，
將線球側的線掛在左手上，
再以梭子線編織架橋

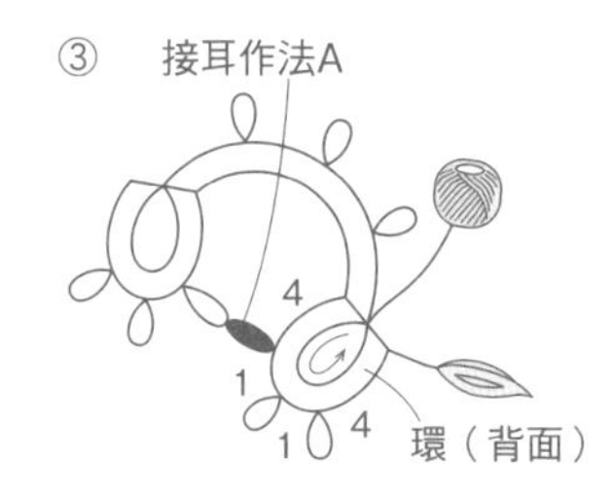

將步驟②的成品翻至背面，與步驟①的作法相同，再以梭子線編織環。
之後則持續重複②・③的作法

止編（▶）時，要從正面到背面（※），將梭子線穿入環及架橋之間（♥），進行線頭收尾（P.46）。
※＝利用蕾絲針或串珠針（P.60）等容易穿線的工具進行。

繡球花迷你桌巾

作品P.8

完成尺寸　9.5cm×8.8cm
材料（1片的用量）　Lizbeth 20號蕾絲線
灰白色（602）…15m．混合色（124）…10m
工具　梭子1個
主題圖樣尺寸　直徑2.9cm

線材準備

10m	主題圖樣的環	混合色
	主題圖樣的架橋	灰白色
1m	緣編	

作法

1.　將主題圖樣的混合色線捲在梭子上（參考左表）。
2.　從①號開始，將主題圖樣依序編織完成。①（第1片）的編法和P.47至P.49相同。
3.　從主題圖樣②（第2片）開始，如記號圖中號碼，依序一邊接合，一邊編織（參考P.51），一共編織7片。
4.　取1m的灰白色線，從線球拉線捲在梭子上，再依P.51圖中所示，利用架橋在主題圖樣邊緣進行緣編。

尺寸配置圖

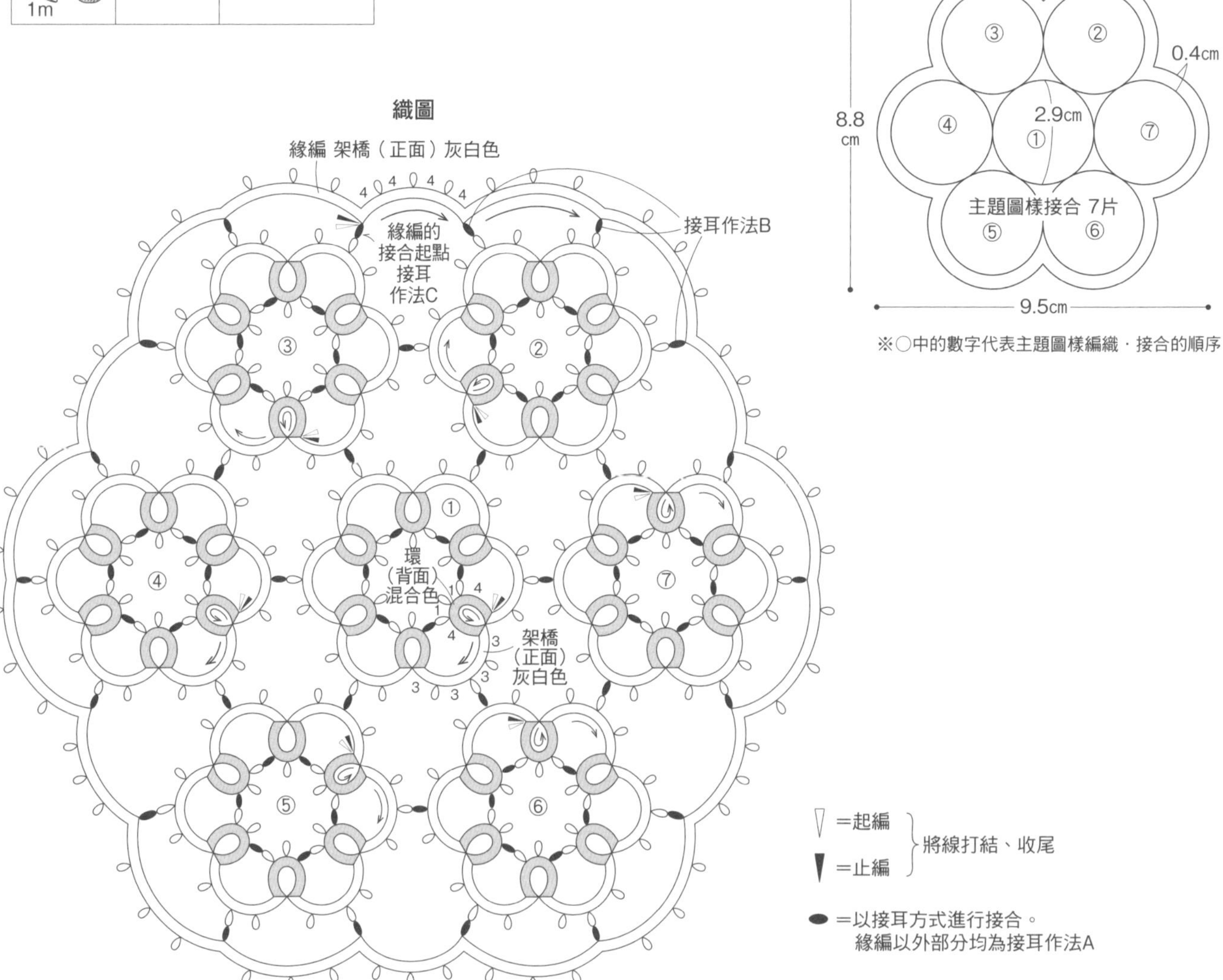

主題圖樣接合方式（接耳作法A）

＊為了讓各個步驟看起來更為清楚，使用不同顏色的線。

1. 編織一片主題圖樣後，從第2片開始參考P.42，利用接耳作法A，在指定位置上與第1片主題圖樣的耳接合在一起。

2. 接合兩片主題圖樣後，將第2片編織完成。利用與P.46相同的作法，進行線的收尾。

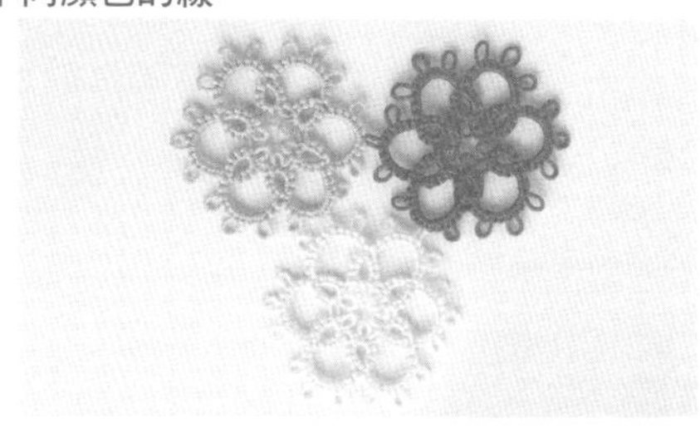

3. 第3片之後，則運用與第2片相同的作法，利用接耳作法A，在記號圖的指定位置上一邊接合，一邊編織。

緣編

＊為了讓照片裡各個步驟看起來更為清楚，使用不同顏色的線。

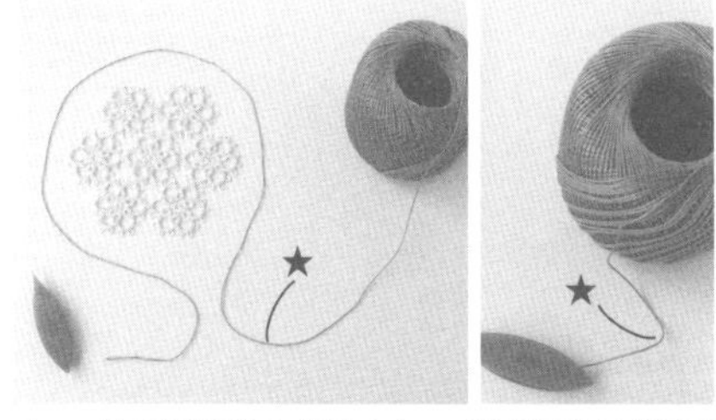

1. 先將線捲在梭子上。將線球的線圈放在主題圖樣的外側（使其成為架橋的中心），在梭子上再多捲一些線（1m）。在★的位置上接合主題圖樣。

2. 將★置於左手食指上（左手將成為線球側），右手則拿著梭子。接著，將主題圖樣開始欲接合的耳置於★上，以接耳作法C之要領（P.43）進行接合。

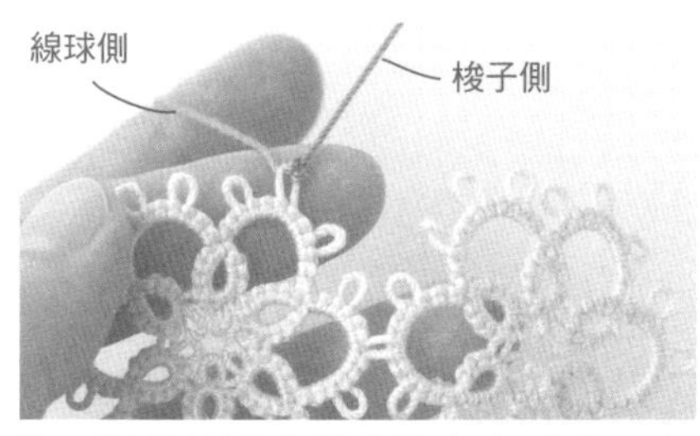

3. 利用接耳作法C接合完成後，如圖，線材已被固定。

4. 參考記號圖，進行架橋的編織。接下來的接合部分，都是利用接耳作法B（P.43）進行。

5. 利用接耳作法B接合完成後，如圖所示。

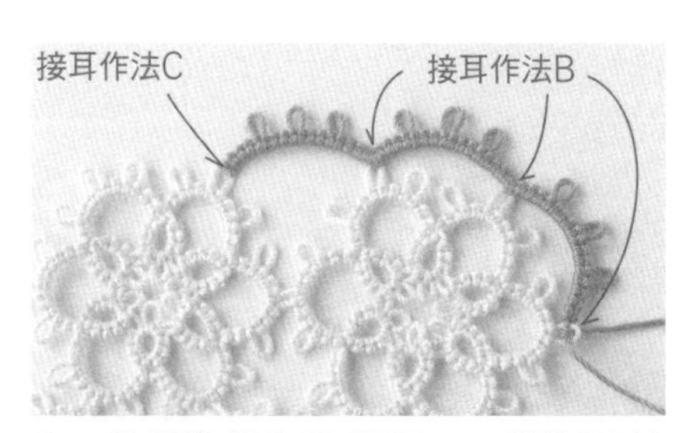

6. 重複進行步驟**4**至**5**，一邊利用接耳作法B進行接合，一邊進行緣編。

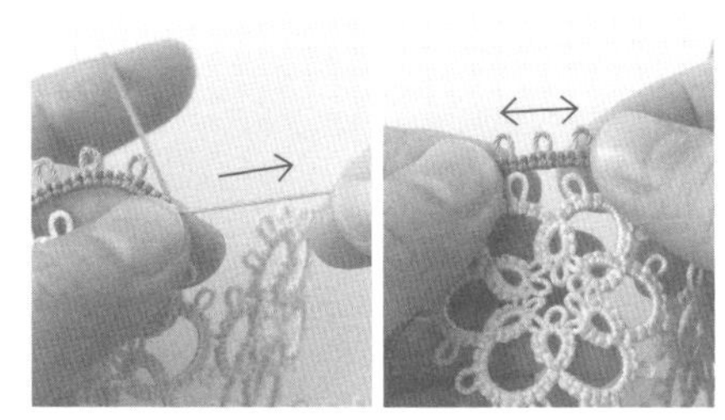

7. 由於梭子線（架橋中心）仍會滑動，因此在編製時，請時常拉動梭子線，或是擴大架橋的結目，藉以調整作品的形狀。

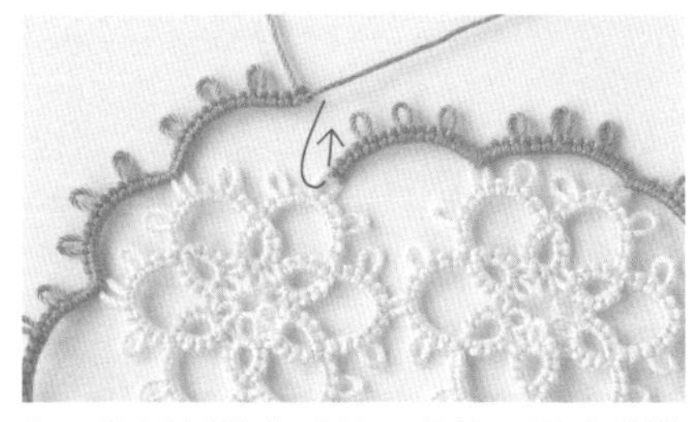

8. 緣編編織完成後，依箭頭記號將梭子線穿入主題圖樣的耳中。

9. 運用P.46作法要領，在作品背面進行線的收尾。

金盞花圖樣

作品P.10

完成尺寸　直徑4.5cm
材料　DMC Cordonnet Special 30號蕾絲線
　　乳白色（ECRU）…8m
工具　梭子1個

作法

1.　將3m的線捲在梭子上（參考下表），編織第1段（外側）。

2.　參考P.49下方的插圖，起編第1段，環及架橋則以P.47至P.48要領進行編織。

3.　將第2段（內側）的線捲在梭子上，一邊編織環，一邊與第1段接合。

線材準備

線長	段	種類
3m	第1段（外側）	環
		架橋
1.5m	第2段（內側）	環

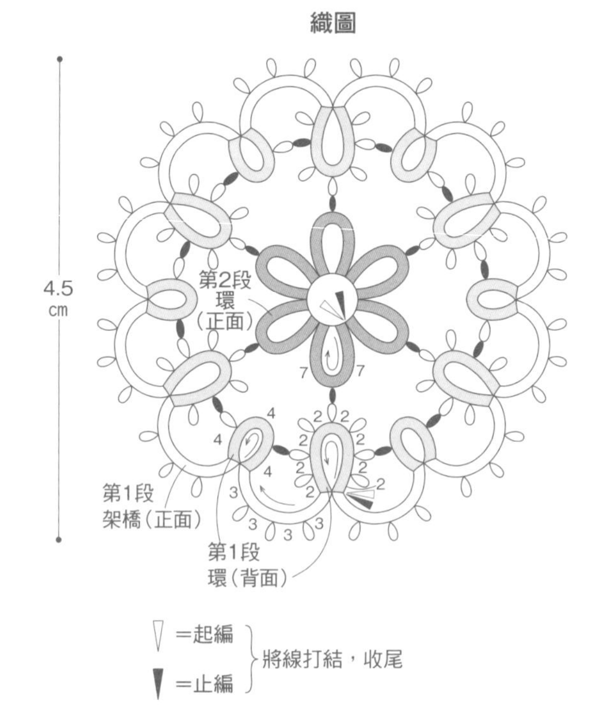

聖誕薔薇

作品P.10

完成尺寸　直徑5.5cm
材料　DMC Cordonnet Special 30號蕾絲線
　　乳白色（ECRU）…10m
工具　梭子1個

作法

1.　將2m的線捲在梭子上（參考下表），編織第1段（內側）。

2.　參考P.49下方的插圖，起編第1段，環及架橋則以P.47至P.48的要領進行編織。

3.　將第2段（外側）的線捲在梭子上，一邊編織，一邊與第1段接合。

線材準備

線長	段	種類
2m	第1段（內側）	環
		架橋
2m	第2段（外側）	環
		架橋

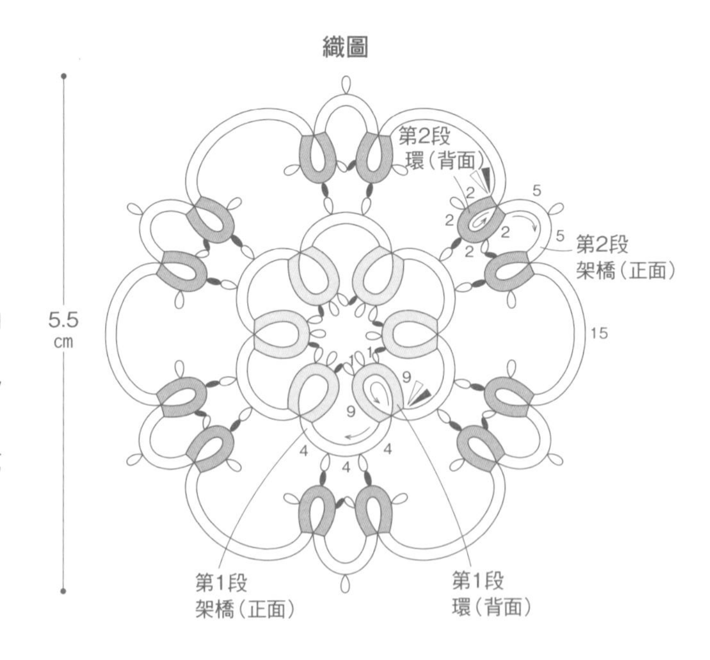

大理花

作品P.10

完成尺寸　直徑6cm
材料　DMC Cordonnet Special 30號蕾絲線
乳白色（ECRU）…12m
工具　梭子1個

作法

1.　編織第1段（內側），將2.5m的線捲在梭子上（參考下表）。

2.　參考P.49下方的插圖，起編第1段，環及架橋則以P.47至P.48的要領進行編織。

3.　將第2段（外側）的線捲在梭子上，一邊編織，一邊與第1段接合。

線材準備

線長	段	部分
2.5m	第1段（內側）	環
		架橋
4m	第2段（外側）	環
		架橋

織圖

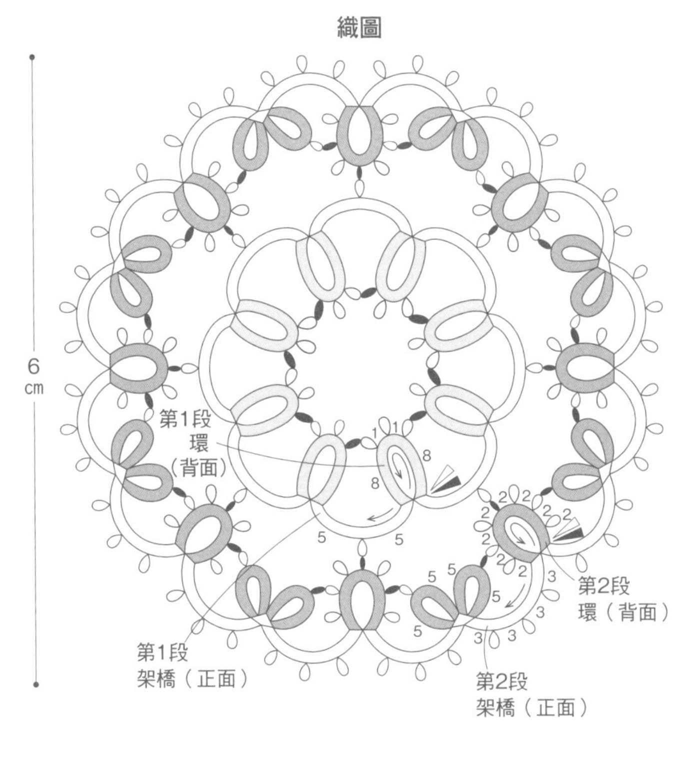

=以接耳作法A進行接合

茉莉花

作品P.10

完成尺寸　高度3.2cm的菱形
材料　DMC Cordonnet Special 30號蕾絲線　乳白色（ECRU）…2m
工具　梭子1個

作法

1.　將2m的線捲在梭子上（參考右表）。

2.　編織最初的環。

3.　過線3mm，從第2個環開始，如圖一邊編織，一邊以接耳作法A進行接合，最後再以接耳作法D（參考P.44）進行接合。

線材準備

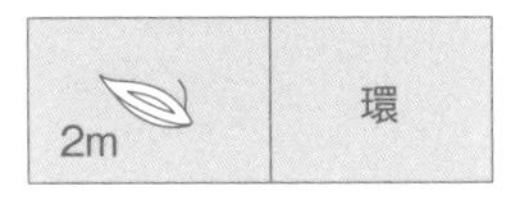

=以接耳方式進行接合
除指定部分外，均為接耳作法A

織圖

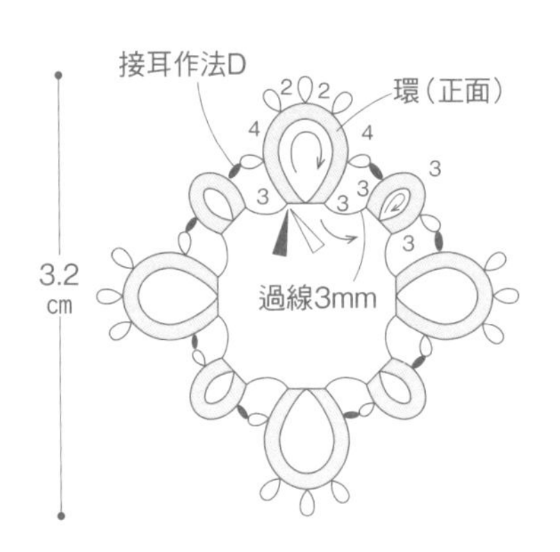

花樣の鑲邊×2　書籤a・b

作品P.12

完成尺寸　a 2.5cm×14cm　b 3.5cm×16cm
材料　OLYMPUS　金票40號蕾絲線
a　杏色（731）・淺咖啡色（813）…各4m
b　淺咖啡色（813）…4m・淺藍色（361）…5m
工具　梭子1個

▽ ＝起編 ｝將線打結，收尾
▼ ＝止編 ｝

● ＝ a／最初的耳，以接耳作法A進行接合
　　b／以接耳作法A進行接合

※依○中數字的順序編織環
（先製作下半部，再作上半部）

作法

1.　將線捲在梭子上（參考下表）。

2.　a、b均是從右下方①的環起編，接著依序編織架橋、②環、架橋後，再將織片往回摺疊，繼續編織上側部分。
製作a作品時，是以指定的環製作最初的耳（右下圖），其他環則是一邊編織，一邊與最初的耳接在一起。請特別留意最初的耳要如右下圖所示，製作兩種大小。
環與架橋的織法，請參考P.47至P.48。

3.　準備流蘇的線，利用蕾絲針工具穿入，組裝於指定位置上。

a

線材準備

4m（梭子）	環	杏色
（線球）	架橋	淺咖啡色

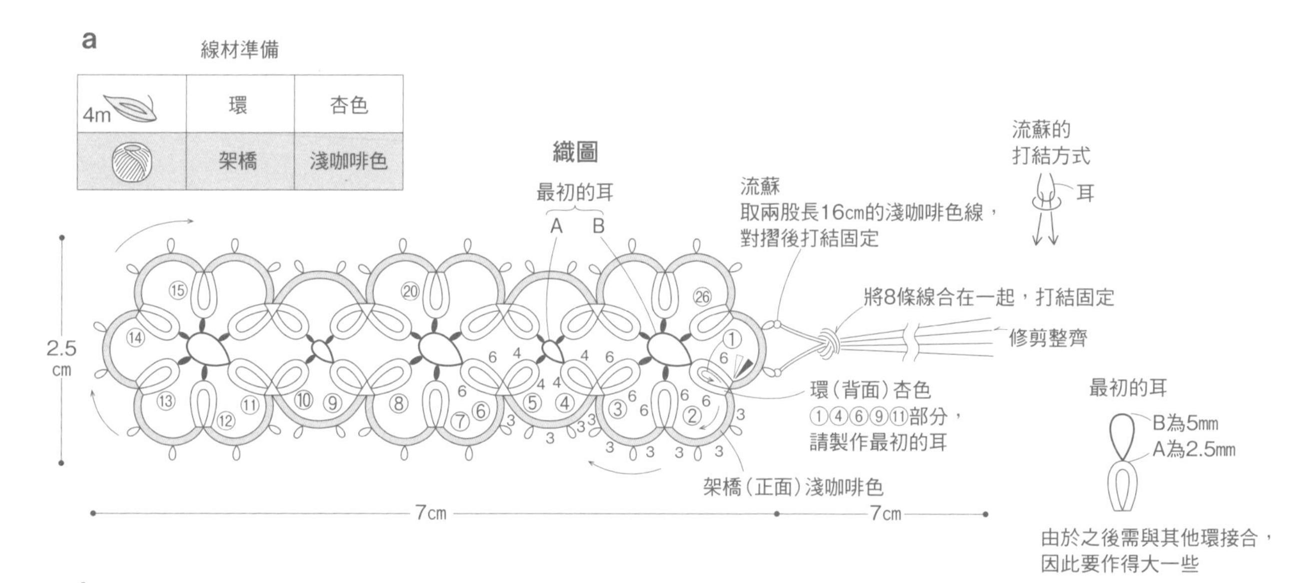

b

線材準備

4m（梭子）	環	淺咖啡色
（線球）	架橋	淺藍色

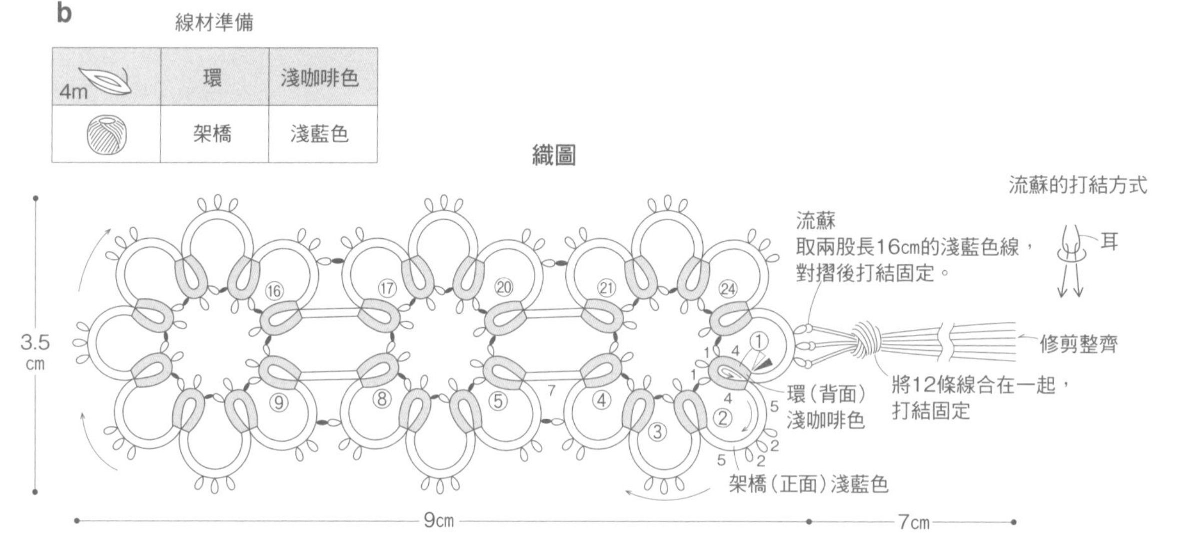

髮帶（書籤a變化款）

作品P.13

完成尺寸　參考下圖

材料

OLYMPUS　EMMY GRANDE線

乳白色（732）…7g

圓形鬆緊帶　粗0.3cm…30cm

手縫線

工具　梭子1個

線材準備

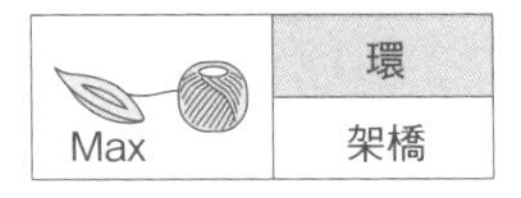

作法

1.　將線捲在梭子上（參考下表）。

2.　參考P.49下方的插圖，利用梭子線從①環起編，依序將架橋、②環、架橋編織下半部到末端後，再將織片往回摺疊編織上半部。

利用指定的環，製作最初的耳（右下圖），其他環則是一邊編織，一邊與最初的耳接在一起。請特別留意最初的耳要如右下圖所示，製作兩種大小。

3.　參考下方的製作收尾方法，將圓形鬆緊帶縫組在指定位置上。

織圖

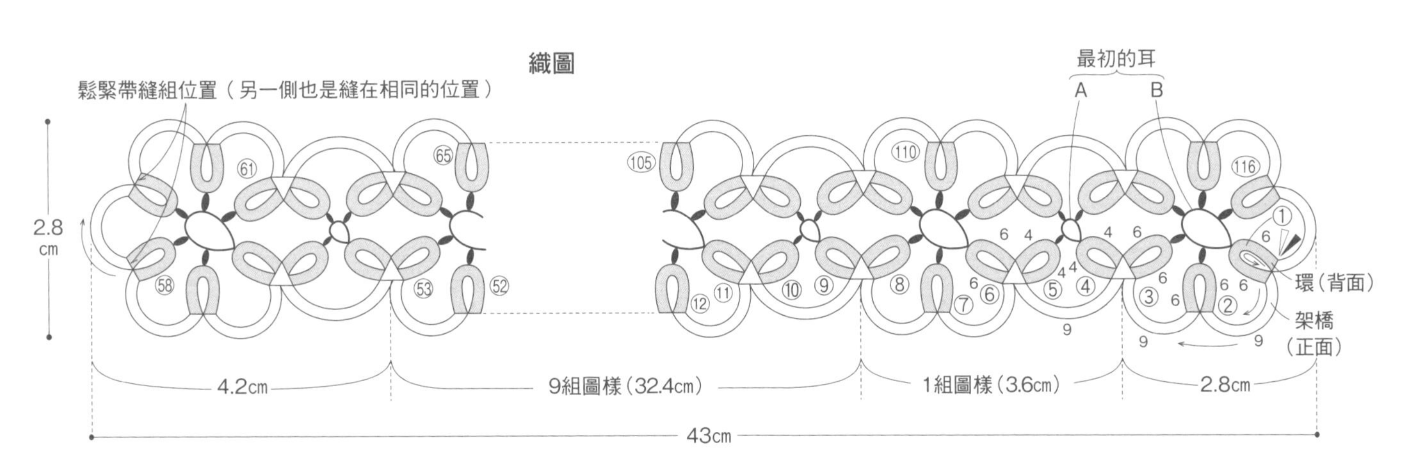

※依○中數字的順序編織環
（先製作下半部，再作上半部）

B為6mm
A為4mm

由於之後需與其他環接合，因此要作得大一些

縫製方法

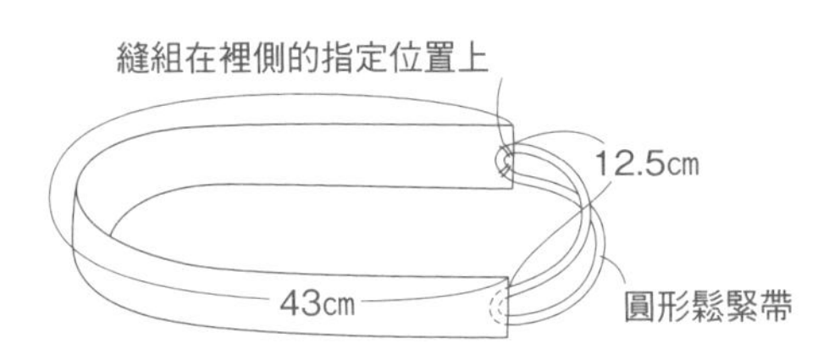

頸飾梭編花帶（書籤b變化款）

作品P.13

完成尺寸　寬5cm×長137.7cm

材料　OLYMPUS　EMMY GRANDE線
粉紅色（160）…25g

工具　梭子1個

線材準備

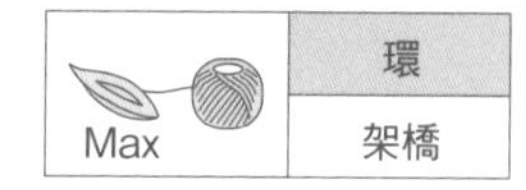

Max	環
	架橋

=以接耳作法A接合

※依○中數字的順序編織環
（先製作下半部，再作上半部）

作法

1. 將線捲在梭子上（參考右表）。
2. 參考P.49下方的插圖，利用梭子線從①環起編，依序將架橋、②環、架橋編織下半部到末端後，再將織片往回摺疊編織上半部。環與架橋的織法請參考P.47至P.48。

織圖

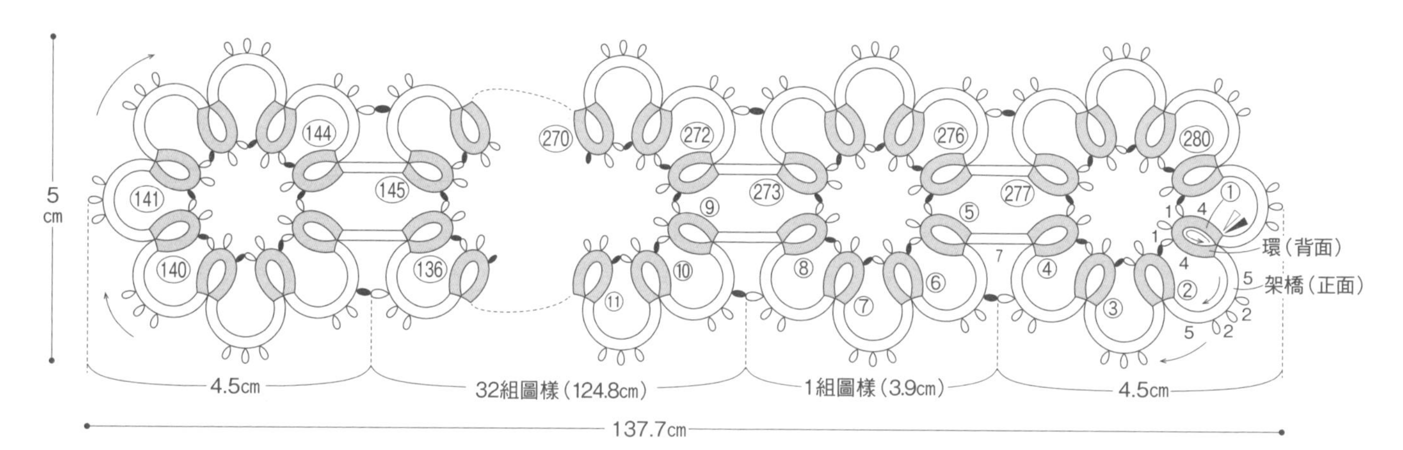

堇菜圖樣

作品P.14

完成尺寸　直徑2cm

材料（P.14最下方・1片的用量）
Lizbeth　20號蕾絲線
黃綠色（683）…1.5m、灰色（605）…1m

工具　梭子1個

作法

1. 將織環的線捲在梭子上（參考右表）。
2. 利用梭子線編織第1個環，在編織途中製作最初的耳。接著，參考P.47至P.48環與架橋的織法繼續編織，從第2個環開始，一邊編織，一邊與最初的耳接合。

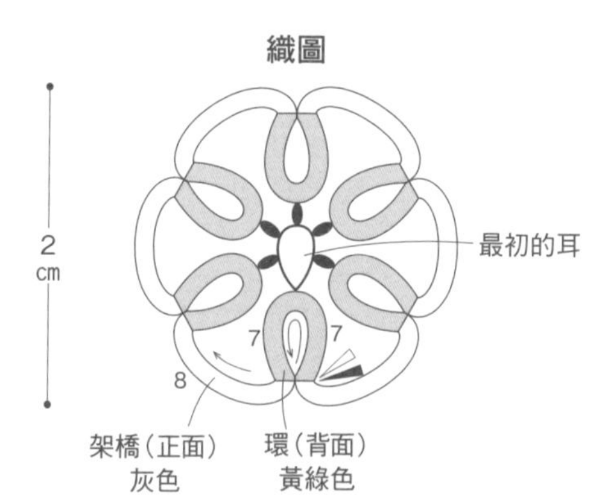

最初的耳

5mm

由於之後需與其他環接合，因此要作得大一些

線材準備

1.5m	環	黃綠色
	架橋	灰色

= 以接耳作法A 接合在最初的耳上

堇菜圖樣項鍊

作品P.15

完成尺寸　參考下圖

材料

DMC Cebelia30號蕾絲線　黑色（310）…25m

0.9㎝寬黑色絨布緞帶項鍊…1組

手縫線

工具　梭子1個

主題圖樣尺寸　A直徑2.5㎝　B直徑3.3㎝

作法

1. 將線捲在梭子上（參考下表）。
2. 參考P.49下方的插圖，利用梭子線從右上方的環起編。接著，按箭頭方向依序編織3片主題圖樣A外側、主題圖樣B外側一圈，將作品外圈編織完成，再一邊編織內側，一邊回到最初的環上。
3. 主題圖樣A在編織最初的環時，先製作最初的耳，再依架橋、環的順序進行編織。從第2個環開始，都一邊編織，一邊與最初的耳接合，環與架橋的織法，請參考P.47至P.48。
4. 將絨布緞帶對剪成左、右各約10㎝的長度，末端三褶後進行捲邊縫，再組裝在蕾絲上。

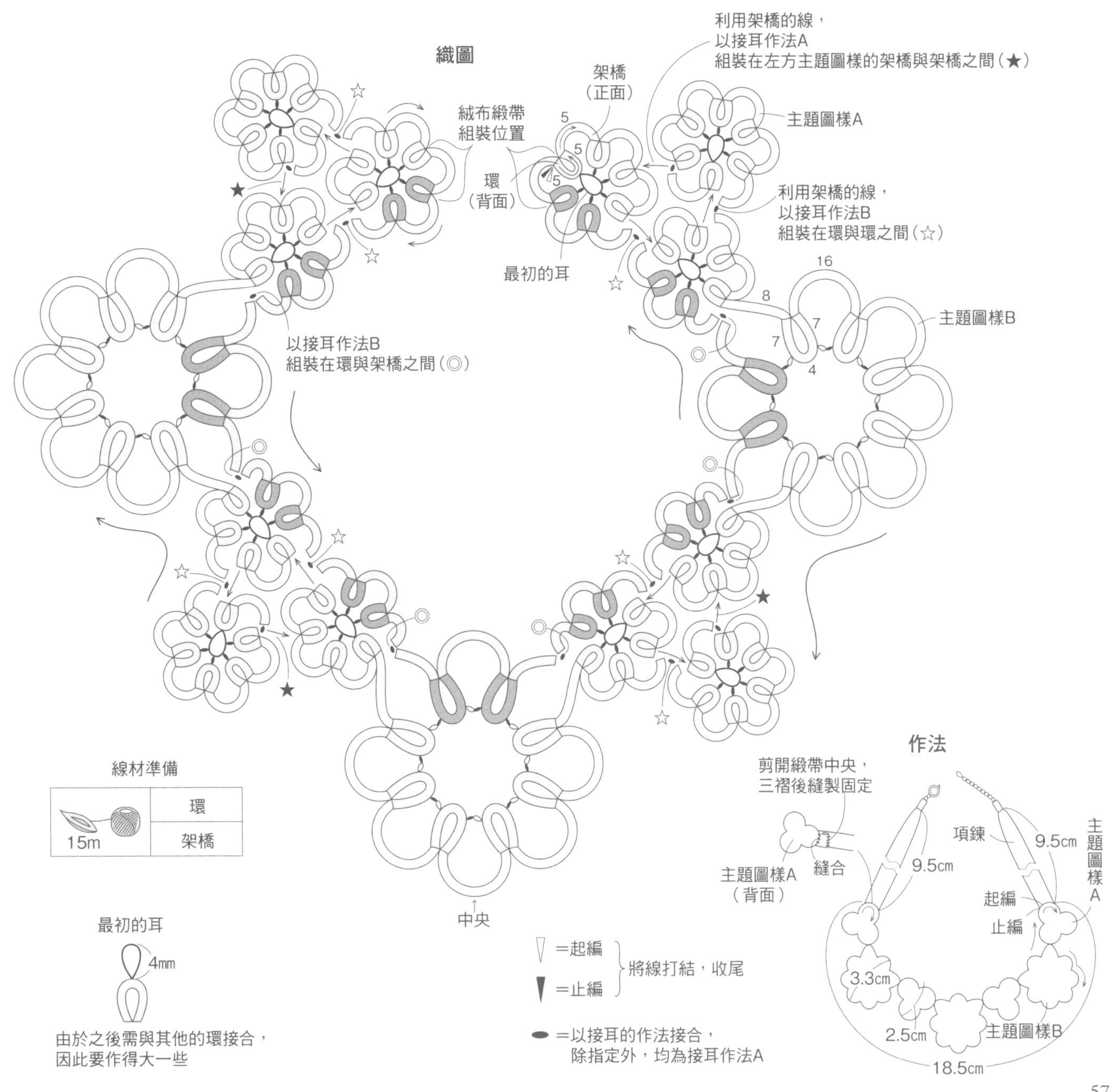

方形・花朵主題圖樣

作品P.16

完成尺寸 5.5cm×5.5cm

材料 OLYMPUS
EMMY GRANDE線
灰白色（808）…3.5m
粉紅色（162）…3m

工具 梭子2個

作法

1. 將線捲在梭子上（參考右表）。
2. 參考P.59，利用兩個梭子編織環及架橋。

線材準備

3m	內側的環	粉紅色
3.5m	架橋及外側的環	灰白色

=以接耳作法A接合

織圖

灰白色
架橋（正面）
外側的環（正面）
內側的環
（背面）
粉紅色
5.5 cm

方形・花朵迷你桌巾

作品P.17

完成尺寸 約11.5cm×11.5cm

材料 DMC 8號繡線（珍珠棉線）
乳白色（ECRC）…25m・
粉紅色（778）…20m

工具 梭子2個

主題圖樣尺寸 3.8cm×3.8cm

作法

1. 將線捲在兩個梭子上（參考右表）。
2. 從①開始依序編織主題圖樣。
①（第1片）的織法與上方作品相同。
3. 從主題圖樣②（第2片）開始，
依記號圖一邊編織一邊接合，共編織9片。

尺寸配置圖

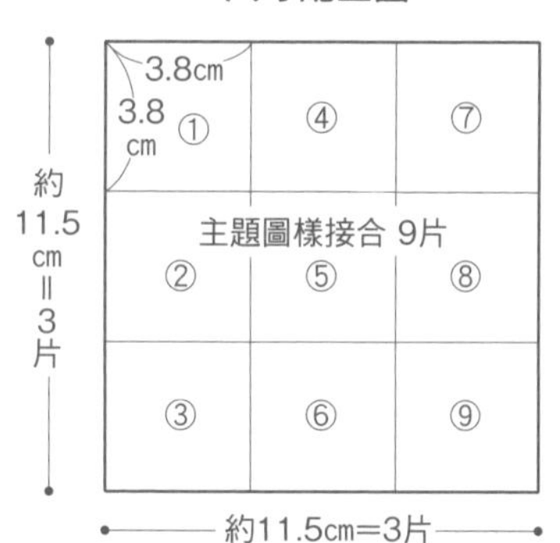

※○中的數字代表編織・接合主題圖樣的順序

織圖

=起編
=止編
將線打結，收尾
=以接耳作法A接合

線材準備

2.5m	內側的環	粉紅色
3m	架橋及外側的環	乳白色

※長度是主題圖樣1片的分量

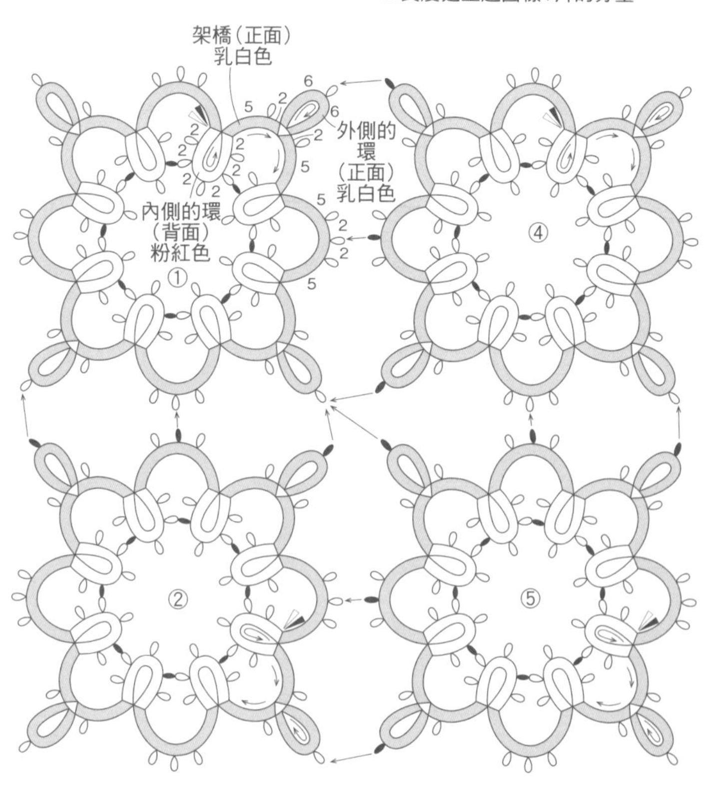

使用兩個梭子的編法

＊在此以P.16方形・花朵主題圖樣（織圖請參考P.58）進行示範。
＊為了讓圖中各個步驟看起來更為清楚，使用兩種不同顏色的線。

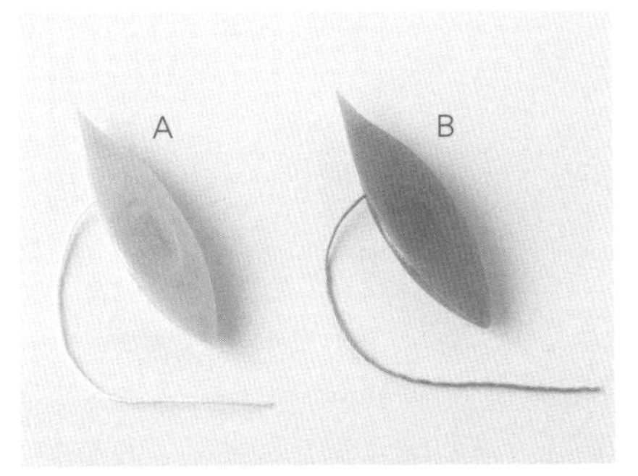

1. 將指定長度的線捲在梭子A（實際為粉紅色）及梭子B（實際為灰白色）上。

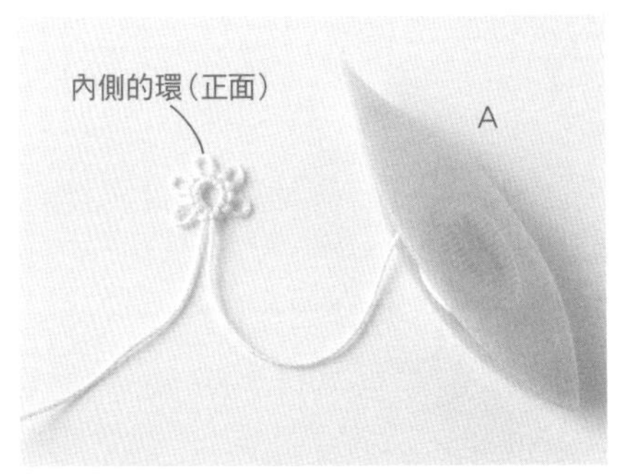

2. 利用梭子A，編織一個內側的環。

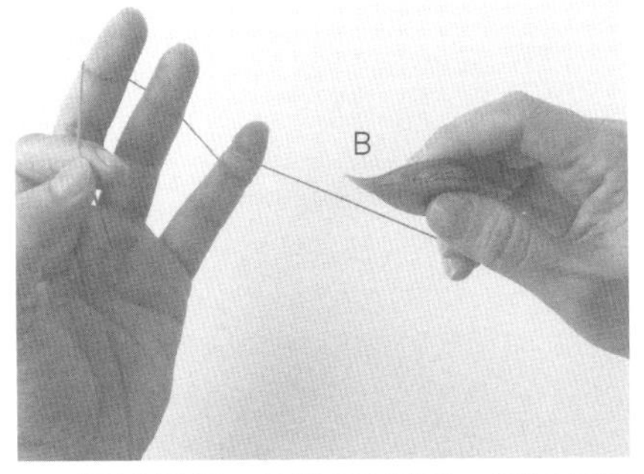

3. 編織架橋。與P.38相同，將梭子B的線掛在左手上，梭子則擱置備用。

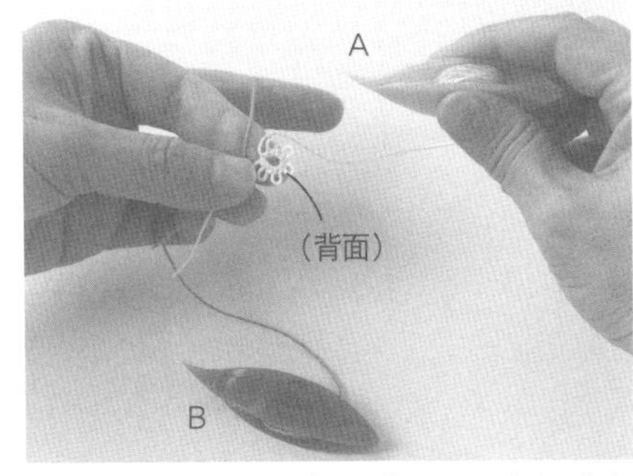

4. 將步驟2的環翻至背面，以左手大姆指及食指捏住A、B兩條線，右手則拿持梭子A。

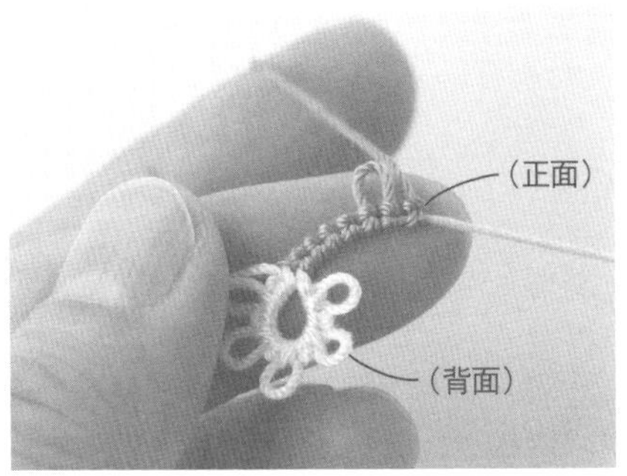

5. 編織指定目數的表裡結及耳，直到靠近架橋上方的環為止。

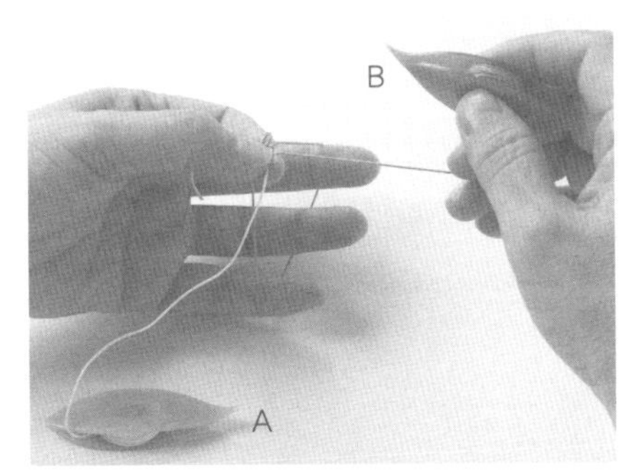

6. 將外側的環編織在架橋上方。放置梭子A，再將B線掛在左手手指上，繞成環狀。

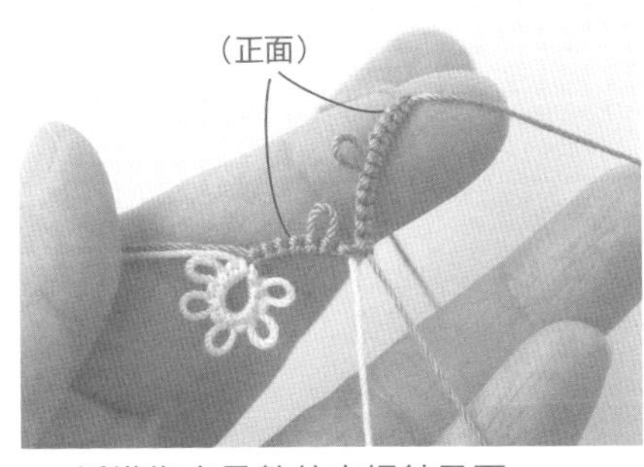

7. 編織指定目數的表裡結及耳。

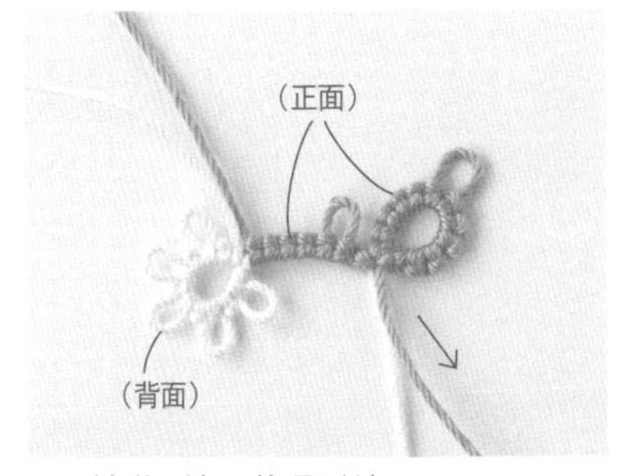

8. 拉動B線，將環形縮口。

9. 與步驟**3**至**4**的作法相同，將B線掛在左手上，再利用梭子A編織剩餘的架橋。

10. 接著，參考織圖，編織內側的環及架橋。一邊編織環，一邊與第1個環接合。

11. 以相同的作法，繼續以梭子A、B編織。上圖為已編織一半的狀態。

方形・花朵小物袋

作品P.17

完成尺寸　12cm×9cm

材料　Lizbeth 40號蕾絲線　灰白色（602）…5g
黃綠色（683）・綠色（684）…各4g
小圓串珠　綠色…576顆・
木棉布料　乳白色…19cm×12.5cm 2片
（表布・裡布）・拉鍊　12cm…1條
手縫線、串珠針（穿入串珠用）

工具　梭子2個（亦可使用3個）

主題圖樣尺寸　A至D　3cm×3cm

作法

1. 將線捲在梭子上（參考下表）。
2. 從①開始依序編織主題圖樣。A至D請參考配色表，無論是哪一片主題圖樣，都需將24顆串珠穿在預備編織內側環的線上，再開始起編作業（參考下方照片）。
3. 一邊將串珠編入內側的環中（參考下圖），一邊如P.61的記號圖中所示，編織環及架橋（主題圖樣的織法與P.58的方形・花朵主題圖樣相同）。
4. 從主題圖樣②（第2片）開始，都要以指定的配色，如記號圖中所示一邊編織一邊接合，共編織24片。
5. 表布、裡布完成後，置入蕾絲織片中，再以捲邊縫縫合袋口。

尺寸配置圖

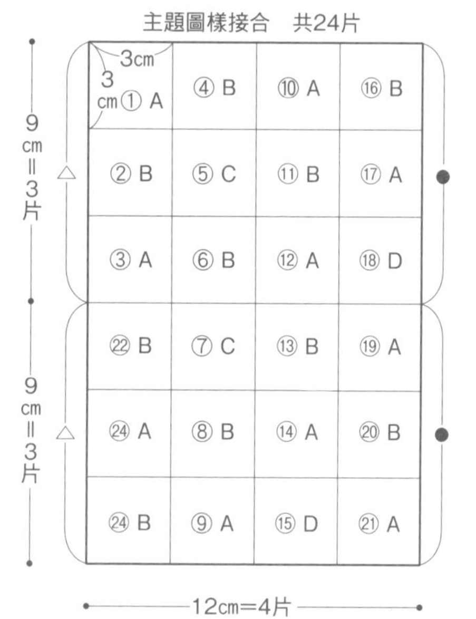

※○中的數字代表編織、接合主題圖樣的順序
⑲～㉔則是一邊編織，一邊對齊相同的△、●記號接合

主題圖樣配色表

	內側的環	架橋 外側的環
A（10片）	灰白色	綠色
B（10片）	灰白色	黃綠色
C（2片）	黃綠色	綠色
D（2片）	綠色	黃綠色

線材準備

Max	灰白色
Max	黃綠色
Max	綠色

裁布圖

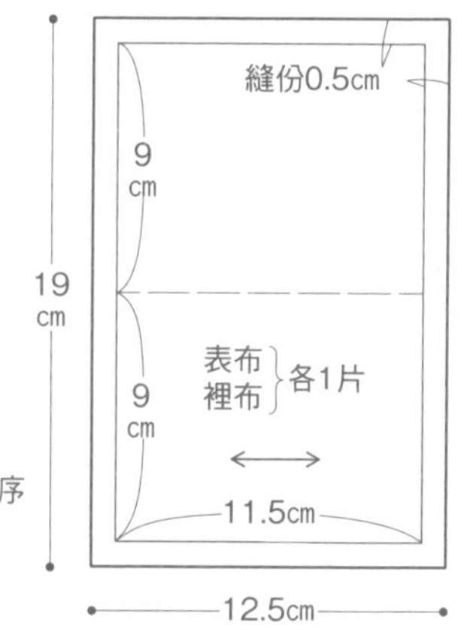

小物袋作法

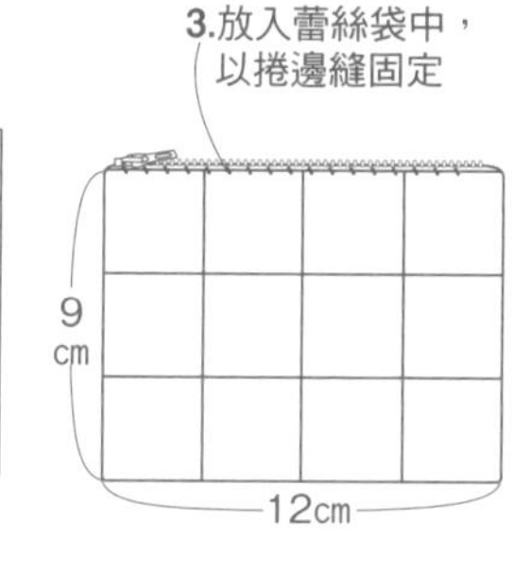

2.翻回正面，將拉鍊組裝於袋口

將裡布的縫份往內側摺疊，車縫固定
拉鍊
0.3cm
裡布（背面）

將表布的縫份往內側摺疊，車縫固定
拉鍊
表布（正面）
裡布（背面）

串珠穿法及編入方法

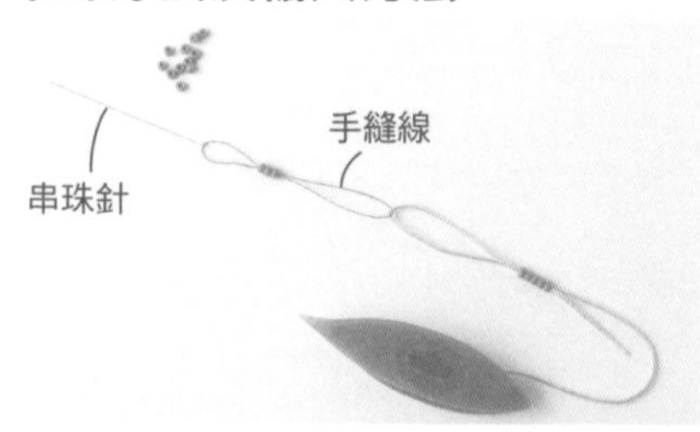

1. 將手縫線穿入串珠針中，如圖打結作成環狀，再穿入梭子線。接著利用串珠針穿勾串珠，1片主題圖樣穿入24顆串珠。

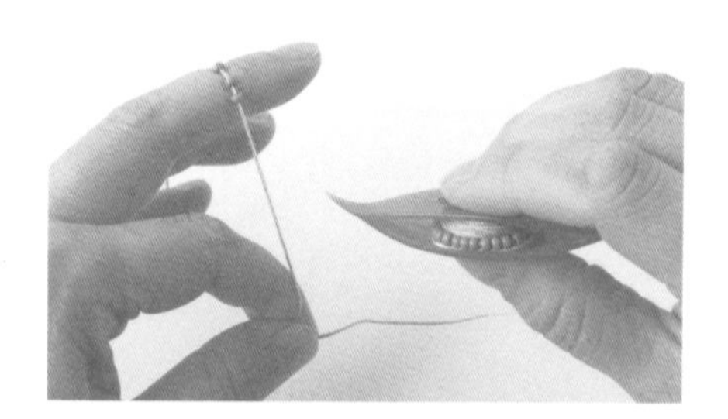

2. 編織一個內側的環前，先將3顆串珠穿入左手的線環中，再開始編。

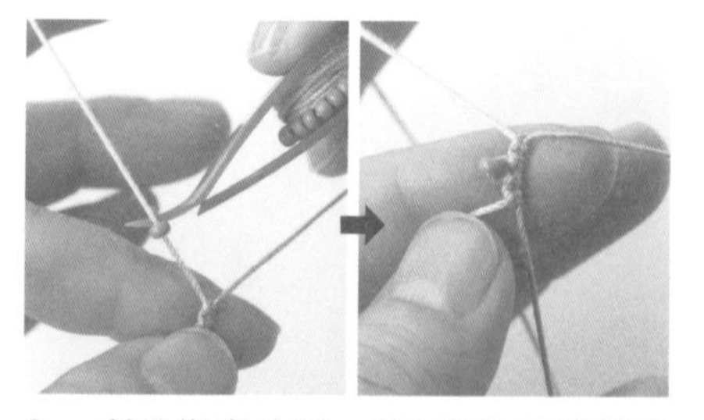

3. 利用指定的耳，將1顆串珠移動至靠近自己處，編織表裡結，如此串珠即已編入耳，其他部分亦以相同方式進行編織。

織圖

=起編
=止編
將線打結，收尾

=以接耳作法A接合

=一邊穿入串珠，一邊製作耳（參考P.60圖）

百老匯・中國風桌巾

作品P.18

完成尺寸　21cm×12.6cm

材料　8號左右的繡線　焦糖咖啡色…8g

工具　梭子2個

主題圖樣尺寸　4.2cm×4.2cm

作法

1.　將線捲在梭子上（參考下表）。

2.　從①開始依序編織主題圖樣。利用P.59的要領，使用兩個梭子編織環及架橋。

3.　從主題圖樣②（第2片）開始，都以指定的配色，如織圖所示一邊編織，一邊進行接合，共編織15片。

線材準備

A　B	內側的環(A)
2m　4m	架橋及外側的環(B)

※此長度為主題圖樣1片的份量

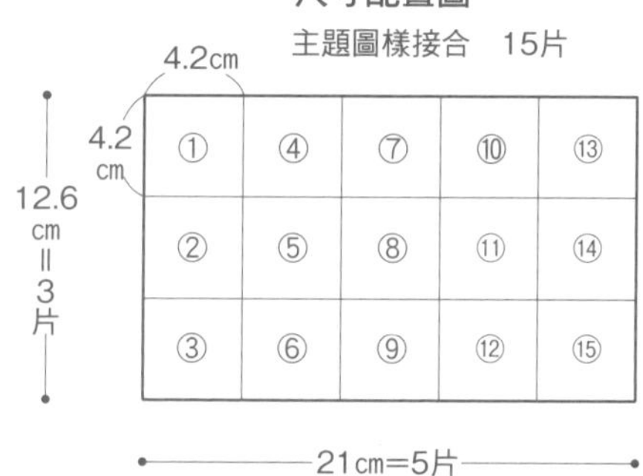

※○中的數字代表編織、接合主題圖樣的順序

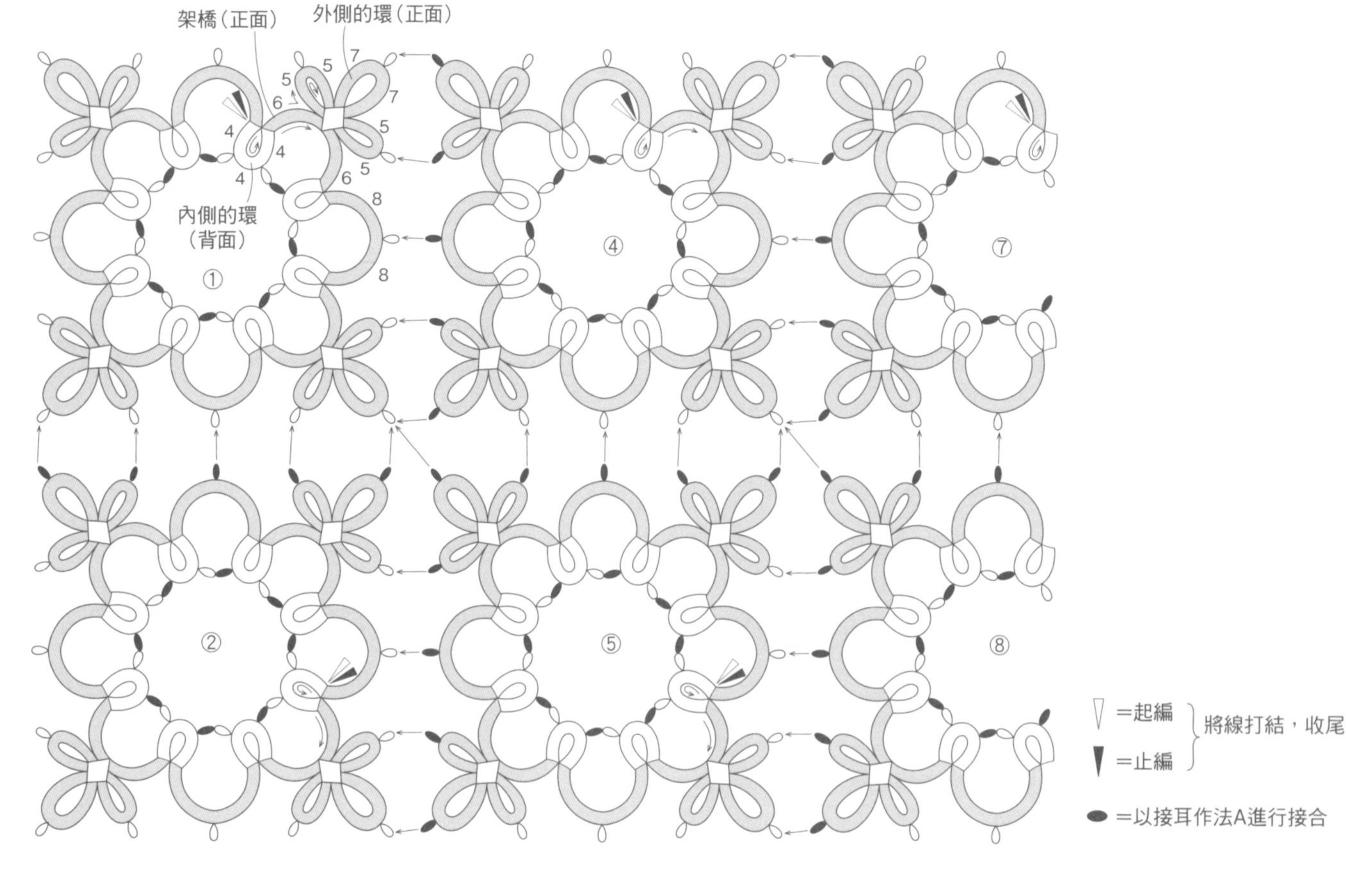

百老匯・中國風迷你桌巾

作品P.18

完成尺寸 10.4cm×10.4cm
材料 8號左右的繡線 焦糖咖啡色…3g
工具 梭子2個
主題圖樣尺寸 A 4.2cm×4.2cm

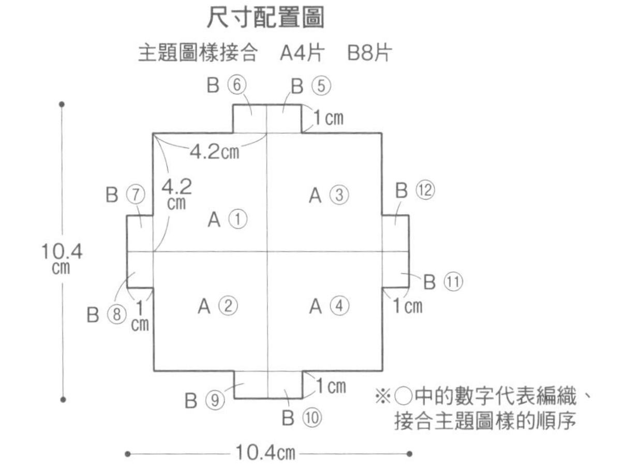

作法

1. 將主題圖樣A的線捲在梭子上（參考右表）。
2. 從①開始依序編織主題圖樣。主題圖樣A是利用P.59的要領，使用兩個梭子編織環及架橋。
3. 從主題圖樣②（第2片）開始，都以指定的配色，如記號圖中所示一邊編織，一邊進行接合，共編織4片。
4. 將主題圖樣B的線捲在梭子上，一邊編織環，一邊接合於主題圖樣A的指定位置上，共編織8片。

線材準備

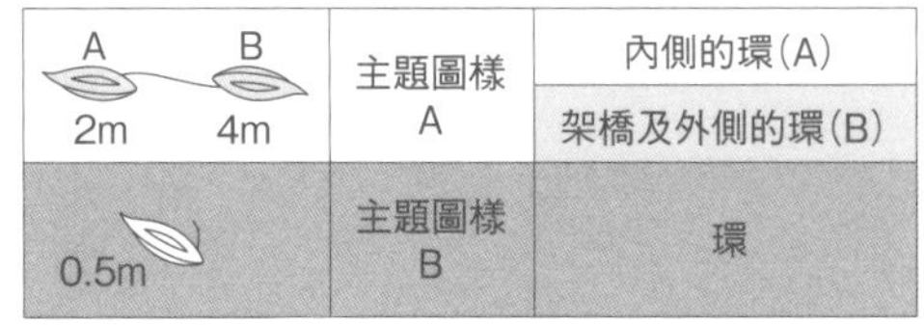

A 2m　B 4m	主題圖樣A	內側的環(A)
		架橋及外側的環(B)
0.5m	主題圖樣B	環

※此長度為主題圖樣1片的分量

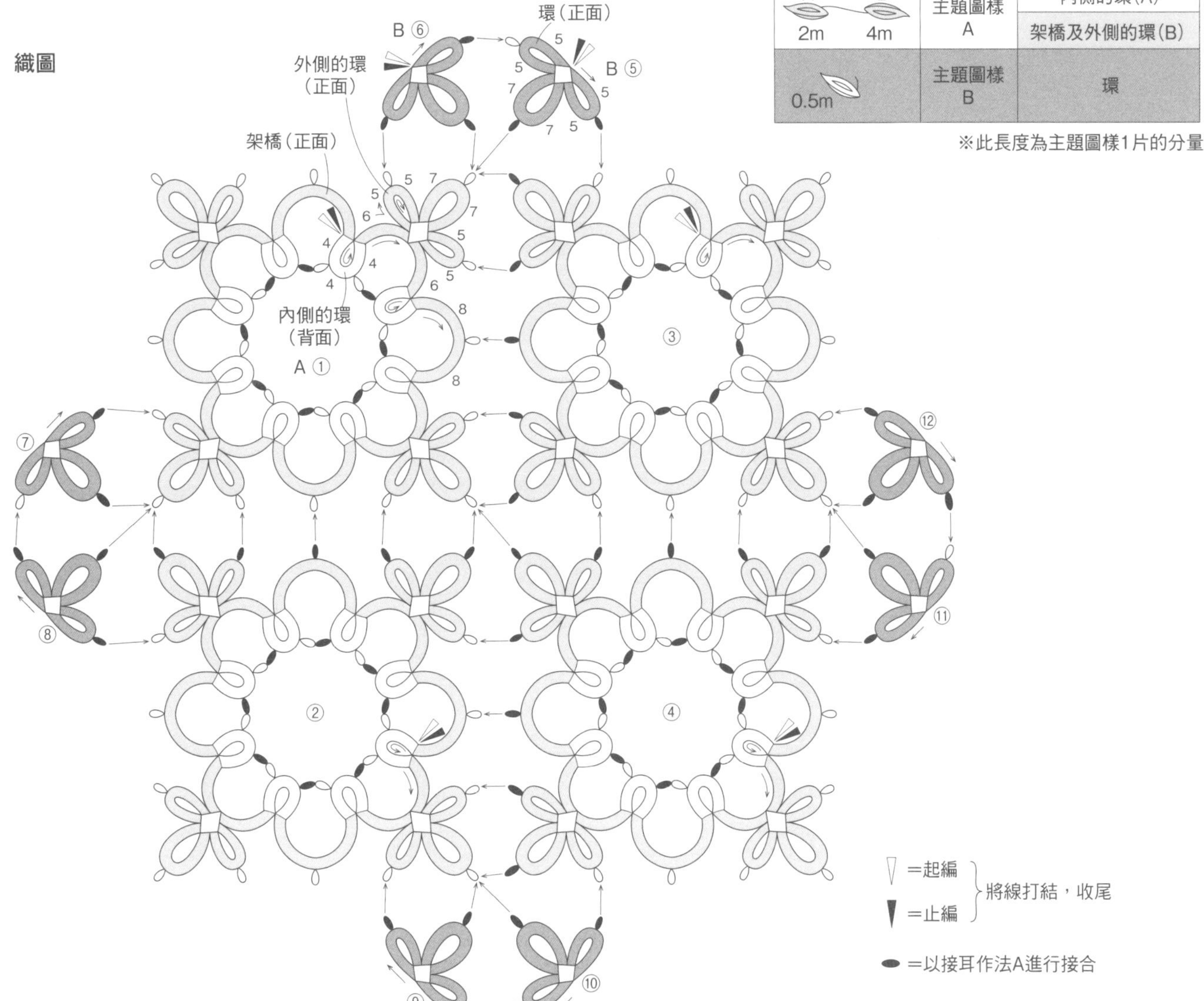

花團錦簇小物袋

作品P.19

完成尺寸　12cm×9cm

材料

Lizbeth 20號蕾絲線　粉紅色（626）…8g・深粉紅色（627）…2g

木棉布料　粉紅色…19cm×12.5cm 2片（表布・裡布）・拉鍊　12cm…1條

手縫線

工具　梭子2個

主題圖樣尺寸　3cm×3cm

作法

1.　將線捲在梭子上（參考下表）。

2.　從①開始依序編織主題圖樣。利用P.59的要領，使用兩個梭子依序編織內側的環、架橋及外側的環。內側環的耳，必需以較小巧的尺寸製作。

3.　從主題圖樣②（第2片）開始，都如記號圖中所示一邊編織，一邊進行接合，共編織24片。

4.　和P.60方形・花朵小物袋相同，先完成表布及裡布後，放入蕾絲織片中，再以捲邊縫收合袋口。

尺寸配置圖

主題圖樣接合　24片

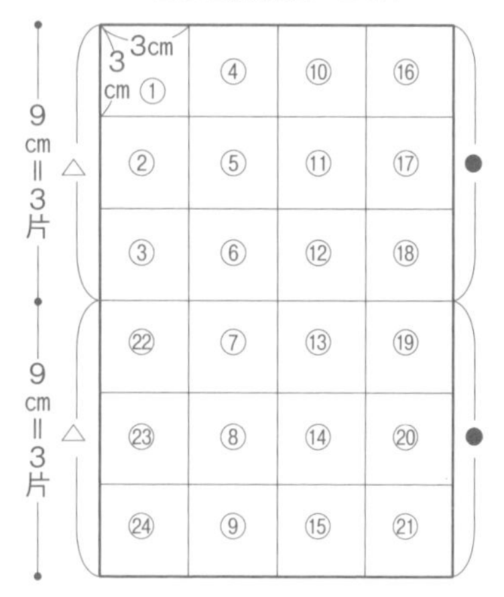

※○中的數字代表編織、接合主題圖樣的順序⑲至㉔則是一邊編織，一邊對齊相同的△、●記號接合

・裁布圖
・袋子作法
均與P.60小物袋相同

線材準備

Max	內側的環	深粉紅色
Max	架橋及外側的環	粉紅色

▽＝起編
▼＝止編
將線打結，收尾

⬬＝以接耳的作法進行接合。
除指定部分外，均為接耳作法A。

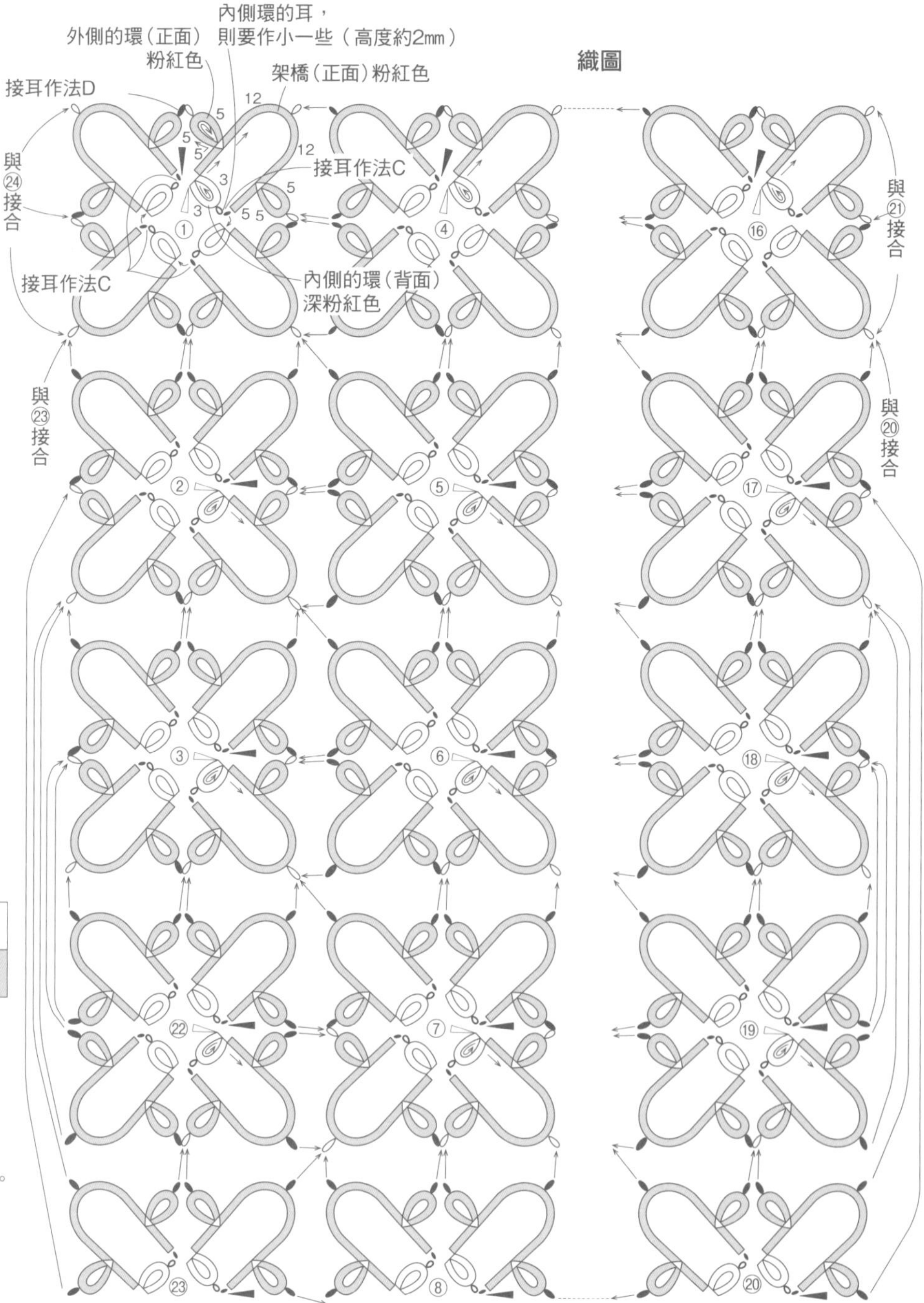

普普風・糖果色桌巾

作品P.21

完成尺寸 直徑21cm

材料 Lizbeth 20號蕾絲線
奶油色（612）・混合色（109）…各5g
黃綠色（683）…3g

工具 梭子2個

主題圖樣尺寸 A、B直徑均為4cm

作法

1. 參考左下表，分別將線捲在欲編織部分的梭子上（僅第5段使用兩個梭子）。

2. 編織8片主題圖樣A（一片一片各自編織）。

3. 編織本體。第1至4段是利用P.47至P.48的要領編織環及架橋，第2段開始，則與前段接合在一起。第5段是利用P.59的要領，使用兩個梭子，一邊編織一邊與第4段及主題圖樣A接合。

4. 至於主題圖樣B，則是一邊編織一邊與主體及主題圖樣A接合，共編織8片。

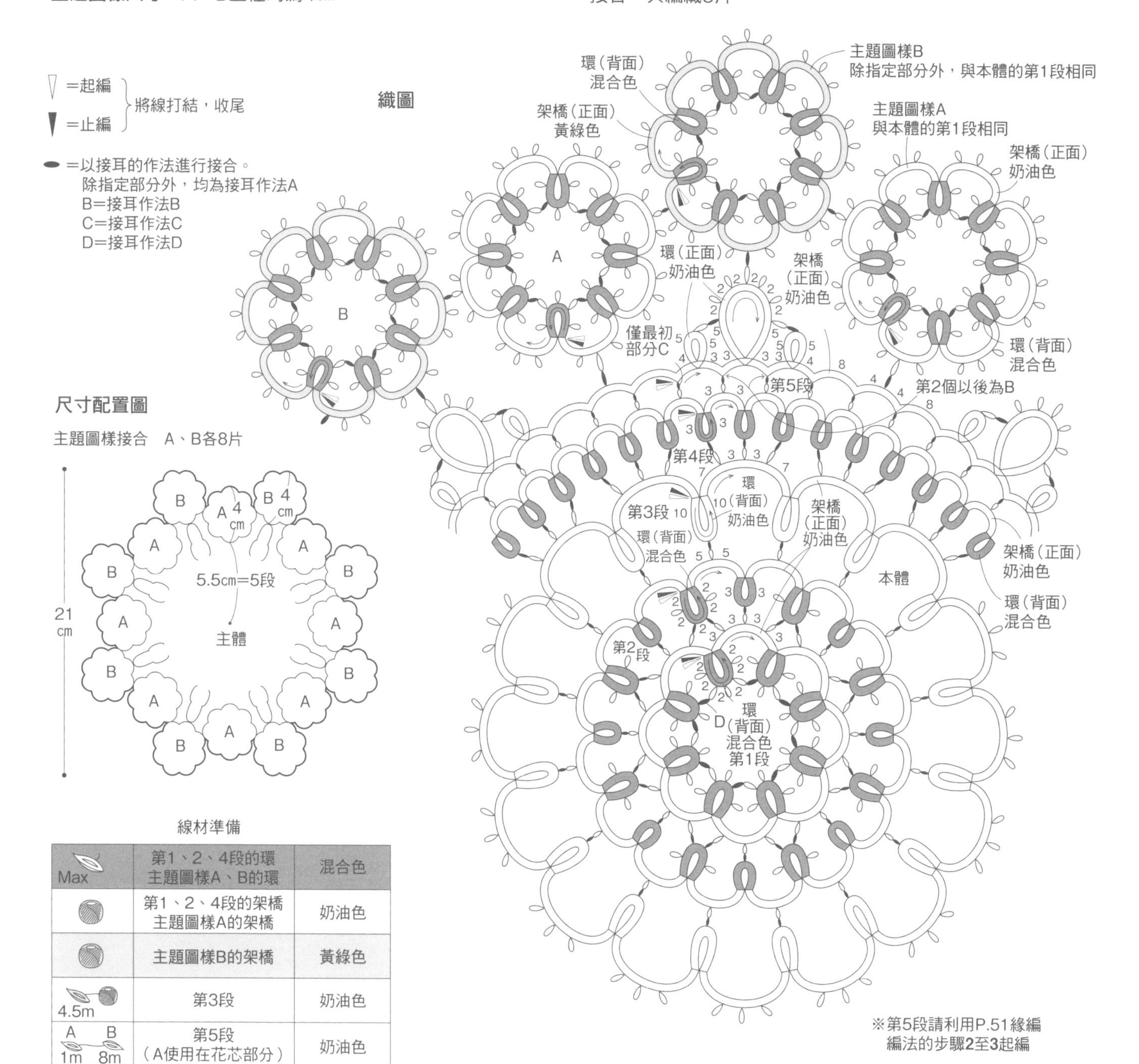

Max	第1、2、4段的環 主題圖樣A、B的環	混合色
（線球）	第1、2、4段的架橋 主題圖樣A的架橋	奶油色
（線球）	主題圖樣B的架橋	黃綠色
4.5m	第3段	奶油色
A 1m　B 8m	第5段 （A使用在花芯部分）	奶油色

花朵鑲邊a

作品P.20

完成尺寸　寬度1.5cm

材料　（20組圖樣，約26cm）

DMC Cordonnet Special 60號蕾絲線

白色（BLANC）…約11m

工具　梭子2個

作法

1. 將線捲在梭子上（參考右表）。
2. 使用兩個梭子進行編織（參考P.59）。依內側的環、架橋、約瑟芬結（Josephine knot）、內側的環及外側的環的順序，一邊在指定的位置上將線材過線4mm，一邊進行編織。

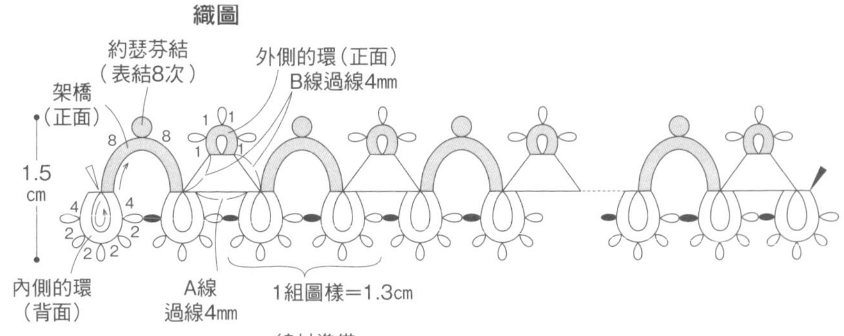

線材準備

A	Max	內側的環
B	Max	架橋、約瑟芬結及外側的環

約瑟芬結（Josephine knot）

＊為了讓照片裡各個步驟看起來更為清楚，所以更換線材示範，以下圖的記號進行解說。

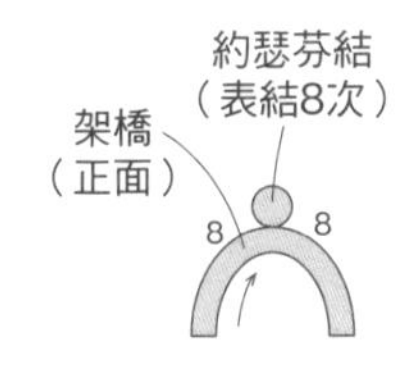

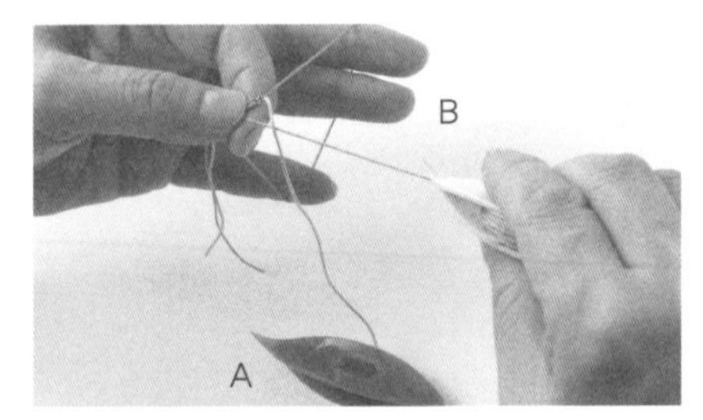

1. 將梭子B的線掛在左手上，利用梭子A編織指定目數的架橋之後，如圖片所示放置A，再利用與編織環相同的作法，以梭子B將線繞成環狀拿持。

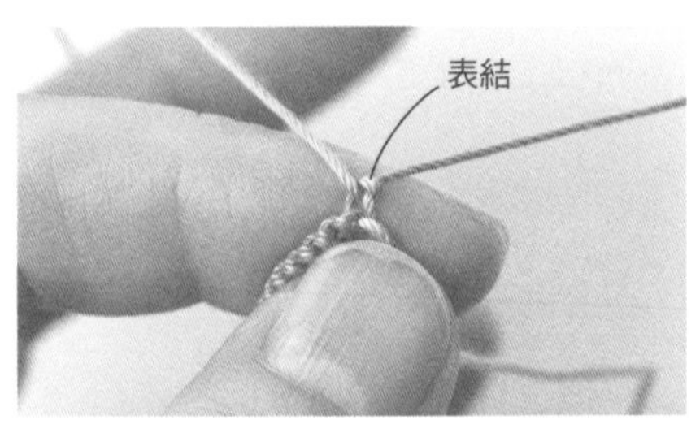

2. 僅繼續編織表結，一共編織8次。表結要稍微編得鬆一些，並將大小都調整一致。上圖為第1次。

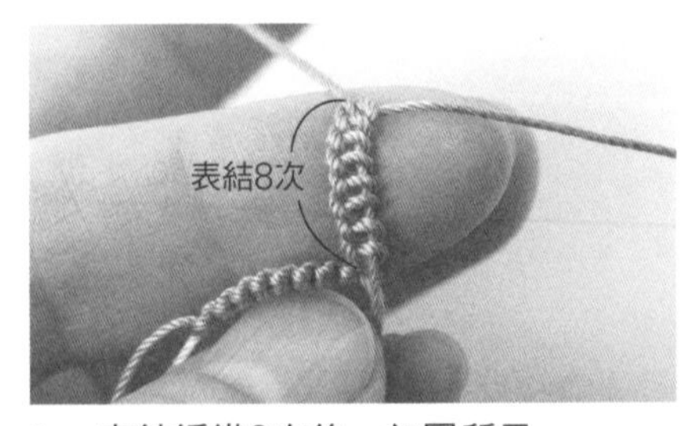

3. 表結編織8次後，如圖所示。

4. 拉取B線，將線環拉緊。如此約瑟芬結即編織完成。

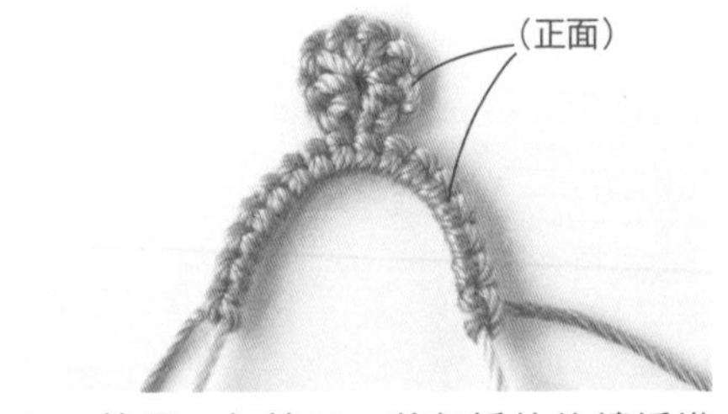

5. 換另一個梭子，將架橋的後續編織好即完成。

將邊緣飾穗組裝在手帕上時…

1. 編織符合手帕邊緣長度的邊緣飾穗，將止編處的線穿入起編處，再打結固定。
2. 如右圖，利用手縫線將邊緣飾穗縫組在手帕上。

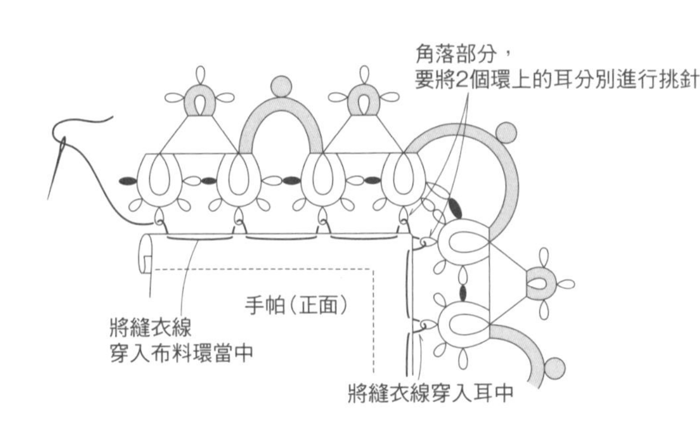

花朵鑲邊b

作品P.20

完成尺寸　寬度4cm
材料　（30組圖樣，約21cm）
DMC Cordonnet Special 60號蕾絲線　白色（BLANC）…約35m
工具　梭子2個

作法

1.　將線捲在梭子上，依①、②、③的順序製作（③請使用2個梭子）。

2.　編織①。依序一邊編織，一邊將線3mm過線至上側環、下側環，從第2個上側環開始，則如圖一邊編織，一邊接合至必要的長度。接著，再編織一條相同的①成品。

3.　編織②（起編部分參考P.49）。一邊編織環及架橋，一邊與兩條①接合。

4.　編織③。參考P.51，一邊與①接合，一邊在架橋途中編織約瑟芬結。

▽ =起編
▼ =止編
（②、③部分將線打結，收尾）

● =以接耳的作法進行接合。除指定部分外，均為接耳作法A

※③以P.51緣編編法的步驟**2**至**6**要領進行編織

線材準備

①	Max	環
②	Max	環及架橋
③	A B Max Max	架橋及約瑟芬結

織圖

※依序編織①2條、②、③

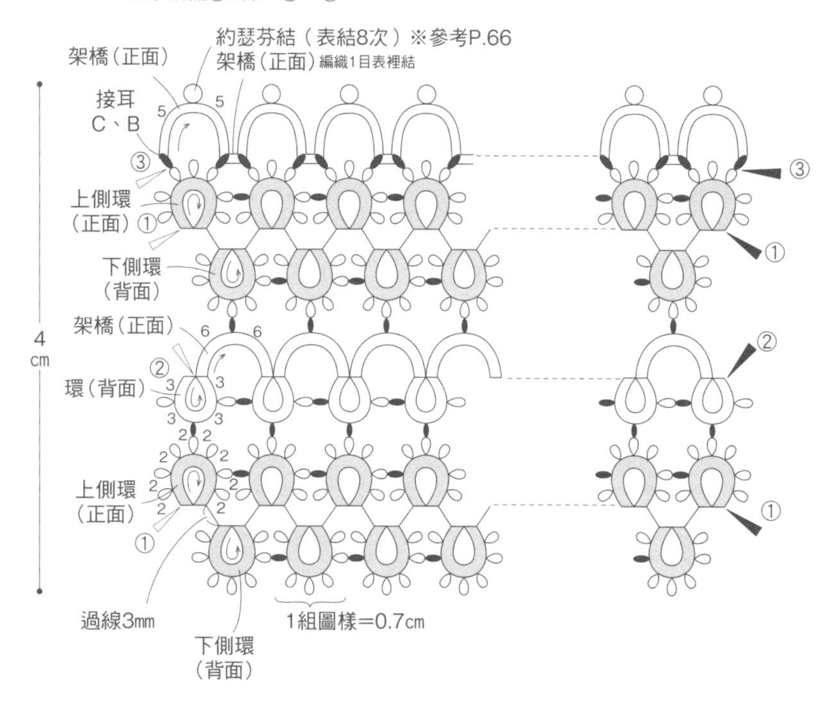

Split Ring分裂環手機吊飾

作品P.22

完成尺寸　長度6.5cm
材料
OLYMPUS　EMMY GRANDE Herbs線
粉紅色（141）…3.5m
手機吊飾環‧直徑0.3cm金屬小圓環1個
工具　梭子2個、老虎鉗（固定金屬小圓環用）

作法

1.　將線捲在梭子上（參考右表）。

2.　使用梭子A線編織1個環，從第2個環開始，則使用梭子A、B進行Split分裂編法（P.45），編織出5個分裂環（Split Ring）。接下來4個線環，則利用梭子A線編織，止編處以接耳作法D進行接合。

3.　組裝蕾絲、手機吊飾環及金屬小圓環。

線材準備

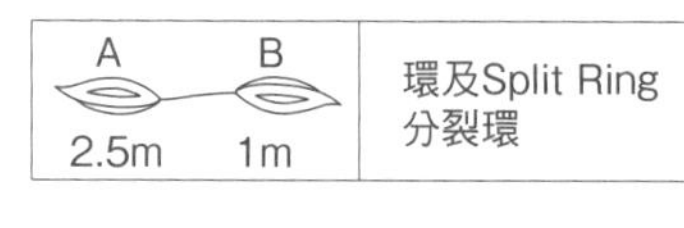

A　B	
2.5m　1m	環及Split Ring分裂環

織圖

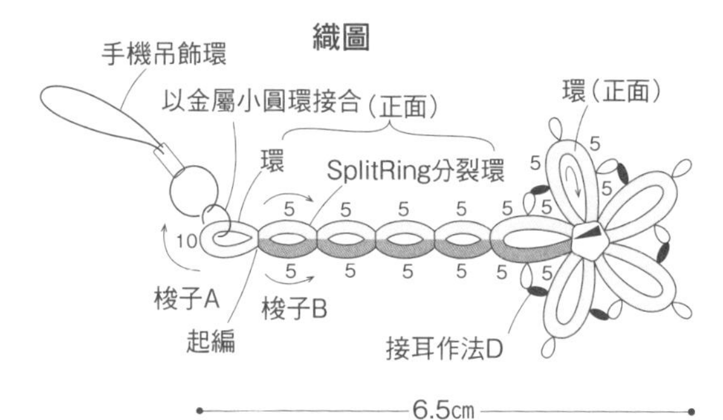

▼ =止編。將線打結，收尾

● =以接耳的作法進行接合。除指定部分外，均為接耳作法A

華麗杯墊

作品P.23

完成尺寸　直徑10.6cm
材料　OLYMPUS　EMMY GRANDE Herbs線材　綠色（252）…15m
乳白色（732）…7m
工具　梭子2個

作法

1. 將線捲在梭子上（參考下表）。
2. 第1段的環，如下圖使用尺規製作耳，進行編織。
3. 編織第2段。起編處要如下圖編織Split Ring分裂環，接著再一邊過線，一邊編織環。內側環則與第1段接合。
4. 第3段使用兩個梭子（參考P.59），一邊編織，一邊與第2段接合。依序編織兩個內側的環、架橋及外側的環，每隔一個架橋編入一組約瑟芬結。

線材準備

Max	第1、2段。第3段的架橋、外側的環、約瑟芬結	綠色
Max	第3段內側的環	乳白色

織圖　※除指定部分之外，均為綠色

第3段 內側的環（背面） 乳白色
第3段 架橋（正面）
第3段 外側的環（正面）
第2段 外側的環（正面）
約瑟芬結（表結8次） ※參考P.66
接耳的作法D
第2段 內側的環（背面）
第2段
過線 4mm
10.6 cm
第1段（背面） 參考下圖
Spilt Ring 分裂環（背面） 參考下圖

▽＝起編　▼＝止編　將線打結，收尾

⬬＝以接耳的作法進行接合。除指定部分外，均為接耳作法A

第1至2段的起編法

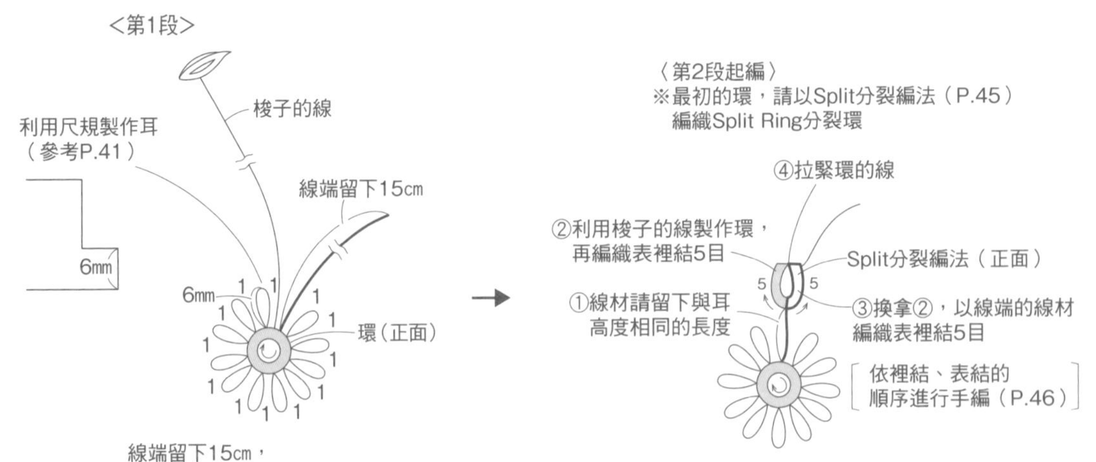

花束桌巾

作品P.26

完成尺寸　直徑37cm

材料　DMC Cordonnet Special 80號蕾絲線　乳白色（ECRU）…16g

工具　梭子2個

主題圖樣尺寸　A 直徑5.5cm

作法

1.　參考右表，分別將線捲在要編織部分的梭子上。

2.　編織本體。第1段請利用兩個梭子編織環及架橋（參考P.59）。

3.　第2至12段，一邊編織，一邊與前段接合。僅有第10段需反向編織。

4.　從①（第1片）開始依號碼順序，以與本體第1、2段相同的方式編織主題圖樣A。②（第2片）開始，則需一邊編織，一邊與旁邊的主題圖樣接合，共編織16片。

5.　一邊編織本體的第13段，一邊與第12段及主題圖樣A接合。

6.　一邊將主題圖樣B接合於本體及主題圖樣A的中間，一邊編入共16片。

7.　在成品邊緣編織兩段緣編。

尺寸配置圖

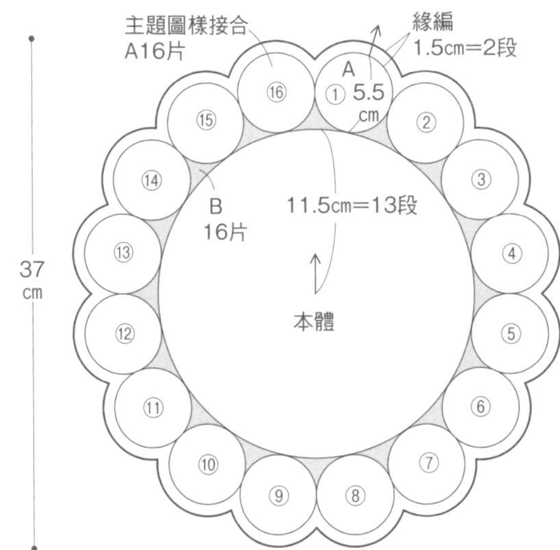

※○中的數字代表編織、接合主題圖樣A的順序

接續至P.70

本體 織圖 1

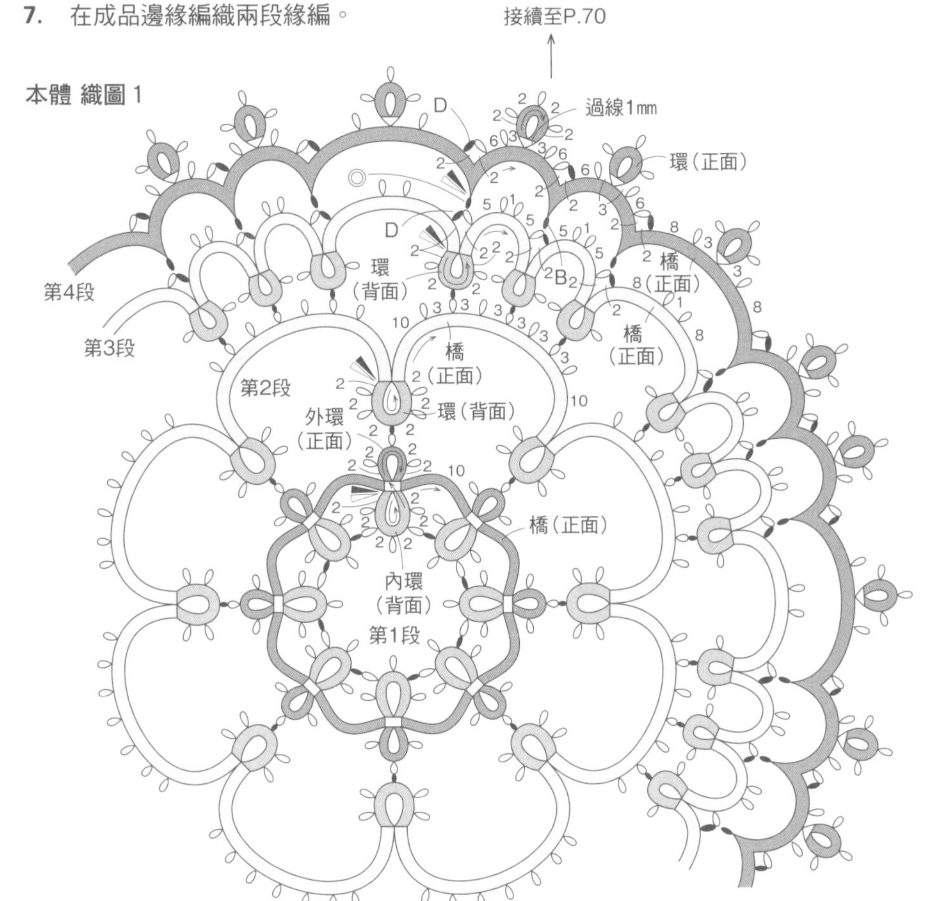

線材準備

A Max	B Max	主題圖樣A第1段、本體第1段（使用2個梭子）
Max		主題圖樣A第2段、本體第2·3·5·9·10段、緣編第1段（梭子及線球分開）
A 0.7m	B Max	本體第4段（梭子A用於花芯部分）
A 1.0m	B Max	本體第6、8段（梭子A用於花芯部分）
1.5m		本體第7段
2m		本體第11、12、13段
Max		主題圖樣B
2.5m		緣編第2段

◎=利用P.51緣編編法步驟**2**至**3**的要領，進行起編作業

▽=起編
▼=止編
} 將線打結，收尾

環=環

橋=架橋

內環=內側的環

外環=外側的環

B=接耳作法B

D=接耳作法D

●=以接耳的作法進行接合。除指定部分外，均為接耳作法A

本體　織圖 2

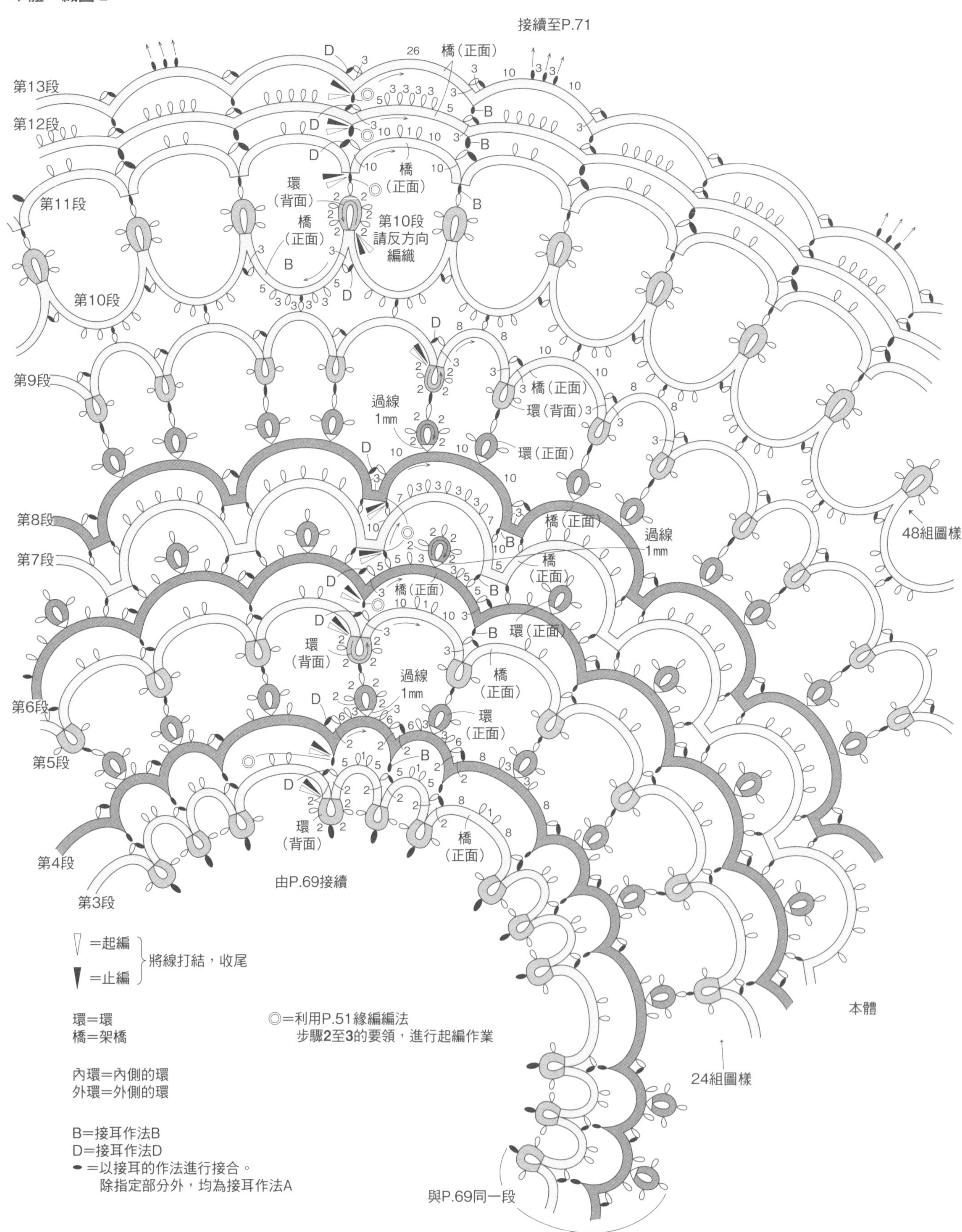

=起編
=止編
將線打結，收尾

環=環
橋=架橋

◎=利用P.51緣編編法
步驟**2**至**3**的要領，進行起編作業

內環=內側的環
外環=外側的環

B=接耳作法B
D=接耳作法D
=以接耳的作法進行接合。
除指定部分外，均為接耳作法A

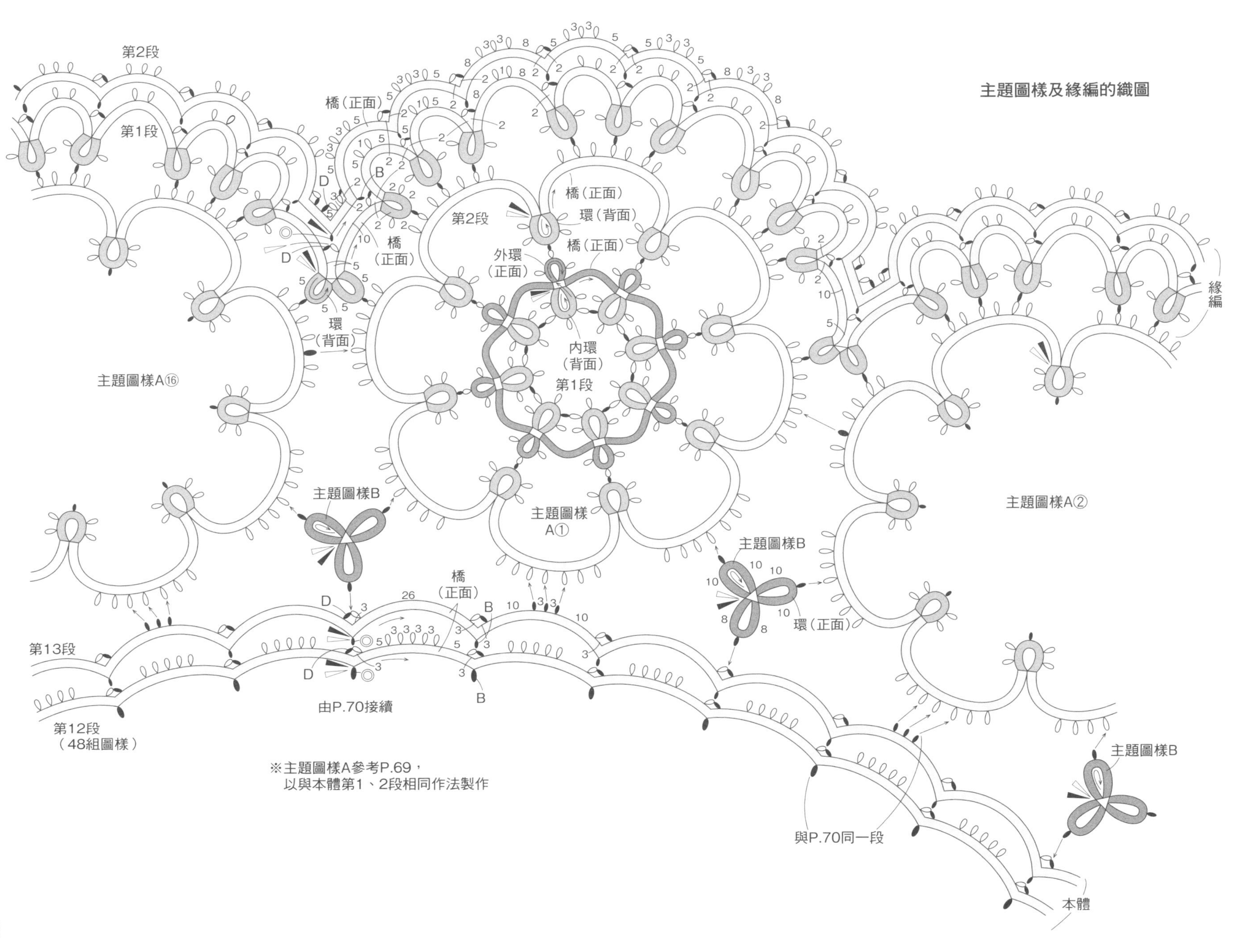

主題圖樣及緣編的織圖
第2段
第1段
橋（正面）
環（背面）
外環
（正面）
內環
（背面）
第1段
第2段
環
（背面）
主題圖樣A⑯
主題圖樣A①
主題圖樣A②
主題圖樣B
環（正面）
緣編
第13段
第12段
（48組圖樣）
由P.70接續
與P.70同一段
本體
※主題圖樣A參考P.69，
以與本體第1、2段相同作法製作

紫羅蘭圖樣桌巾

作品P.24

完成尺寸 20.4cm×16.8cm
材料 Lizbeth 40號蕾絲線 紫色（682）…9g
工具 梭子2個
主題圖樣尺寸 3.6cm×3.6cm

作法

1. 參考下表，分別將線捲在欲編織部分的梭子上。

2. 從①（第1片）開始，依序將主題圖樣編織完成。參考下方的織圖1，使用兩個梭子進行編織。從主題圖樣②（第2片）開始，則如同P.73織圖2，一邊編織一邊接合。

3. 12片主題圖樣接合完成後，在作品邊緣編織緣編。第1、2段都使用兩個梭子，第1段一邊編織一邊與主題圖樣接合，第2段則一邊編織一邊與第1段接合。

尺寸配置圖

20.4cm
3cm=2段
3.6cm
⑩ ⑦ ④ ①
主題圖樣接合 12片
⑪ ⑧ ⑤ ②
⑫ ⑨ ⑥ ③
16.8cm
10.8cm=3片
緣編
3cm=2段
14.4cm=4片
3cm=2段

※○中的數字代表編織、接合主題圖樣的順序

線材準備

梭子		
A 3.5m	B 2m	主題圖樣
A Max	B 6m	緣編 第1段
A Max	B Max	緣編 第2段

※主題圖樣為1片的份量。
緣編則是在編織途中一邊加針、一邊編織

織圖 1

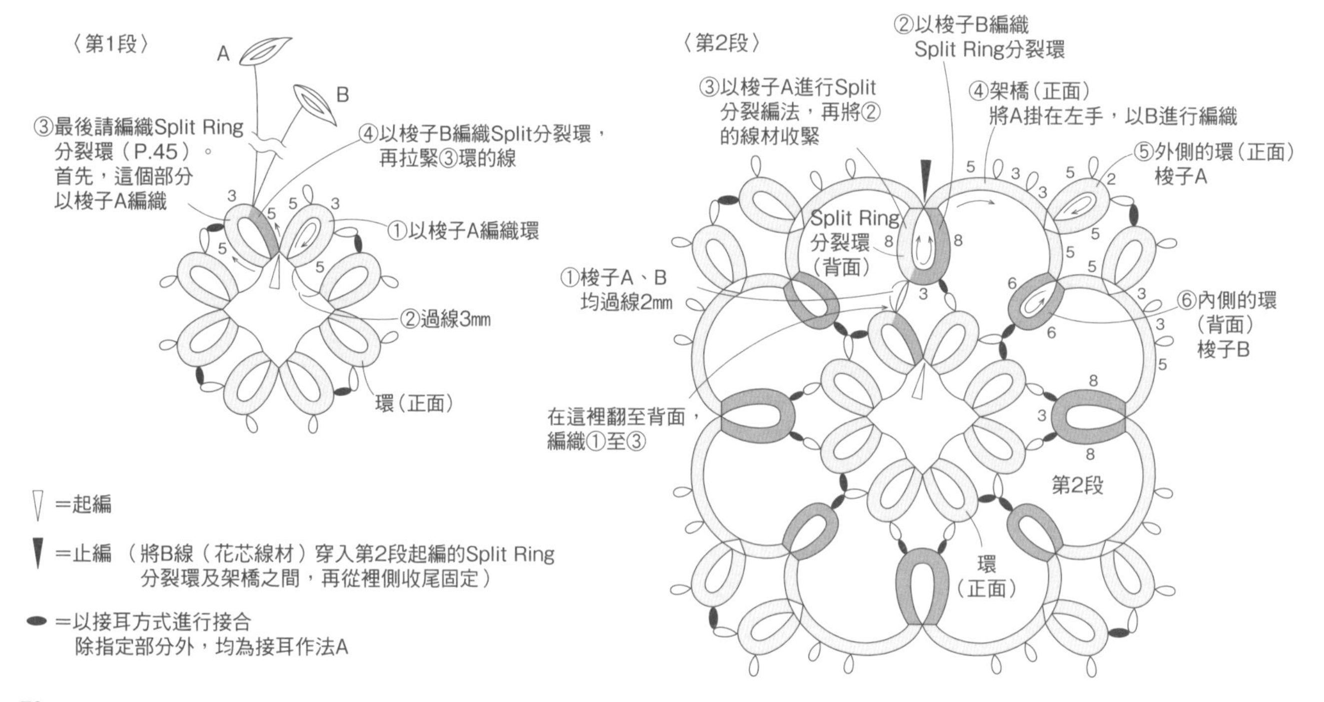

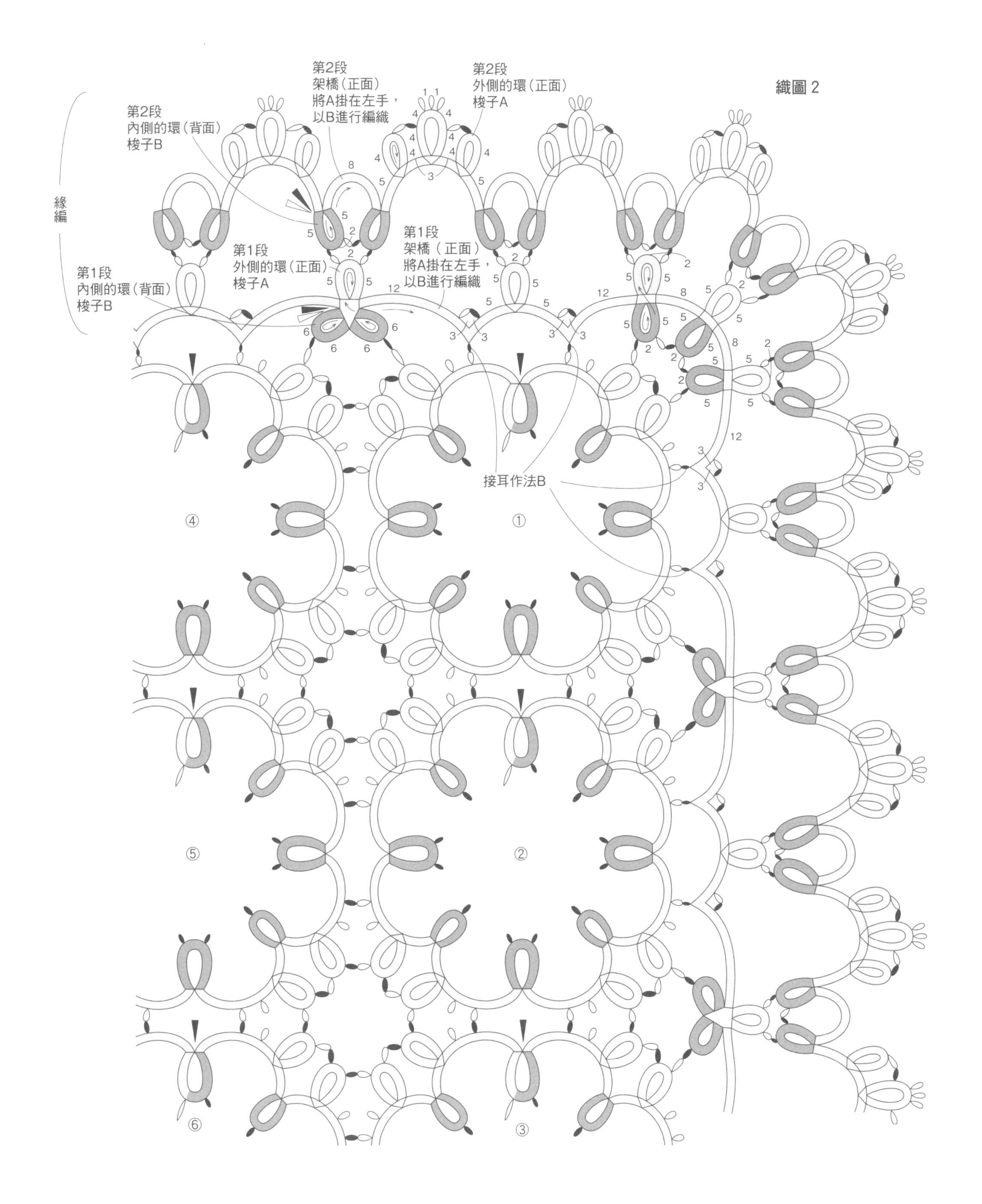
織圖 2
緣編
第2段
內側的環（背面）
梭子B
第2段
架橋（正面）
將A掛在左手，
以B進行編織
第2段
外側的環（正面）
梭子A
第1段
內側的環（背面）
梭子B
第1段
外側的環（正面）
梭子A
第1段
架橋（正面）
將A掛在左手，
以B進行編織
接耳作法B
①
②
③
④
⑤
⑥

櫻花色公主披肩

作品P.28

完成尺寸　寬度29cm　長度155cm
材料　絹線　櫻花色（137）…100g
工具　梭子2個
主題圖樣尺寸　A 直徑5cm

作法

1.　參考下表，分別將線捲在欲編織部分的梭子上。
2.　編織主題圖樣A。第1段和第2段的起編部分，如下圖所示進行編織。第2段則如P.75織圖，一邊編織一邊與第1段的過線接合。編織130片相同的主題圖樣時，全部都是一片一片分開編織。
3.　一面編織主題圖樣B，一面與主題圖樣A接合。共編織75片。
4.　一面編織主題圖樣C，一面與主題圖樣A接合。共編織25片。

尺寸配置圖

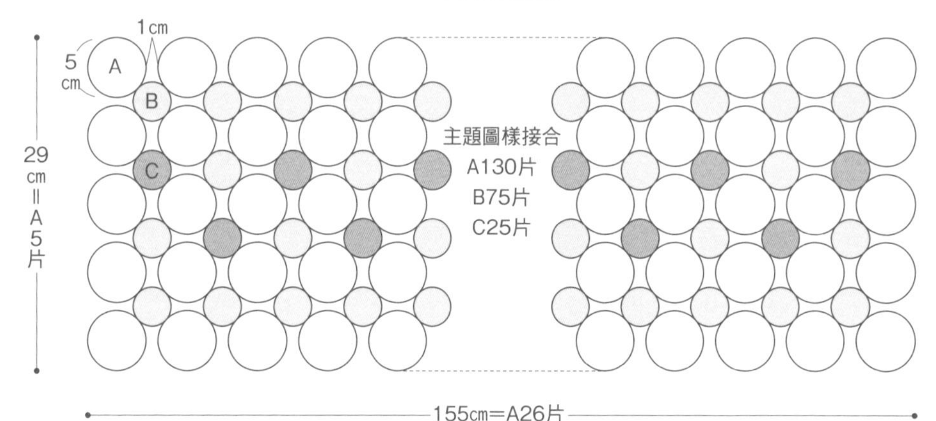

線材準備

A	B	
4m	2m	主題圖樣A
Max	Max	主題圖樣B
Max	Max	主題圖樣C

※以上所有數字均為1片主題圖樣的分量。主題圖樣B、C則是分別將線捲在兩個梭子上，再進行編織

主題圖樣A
第1段開始到第2段的起編編法

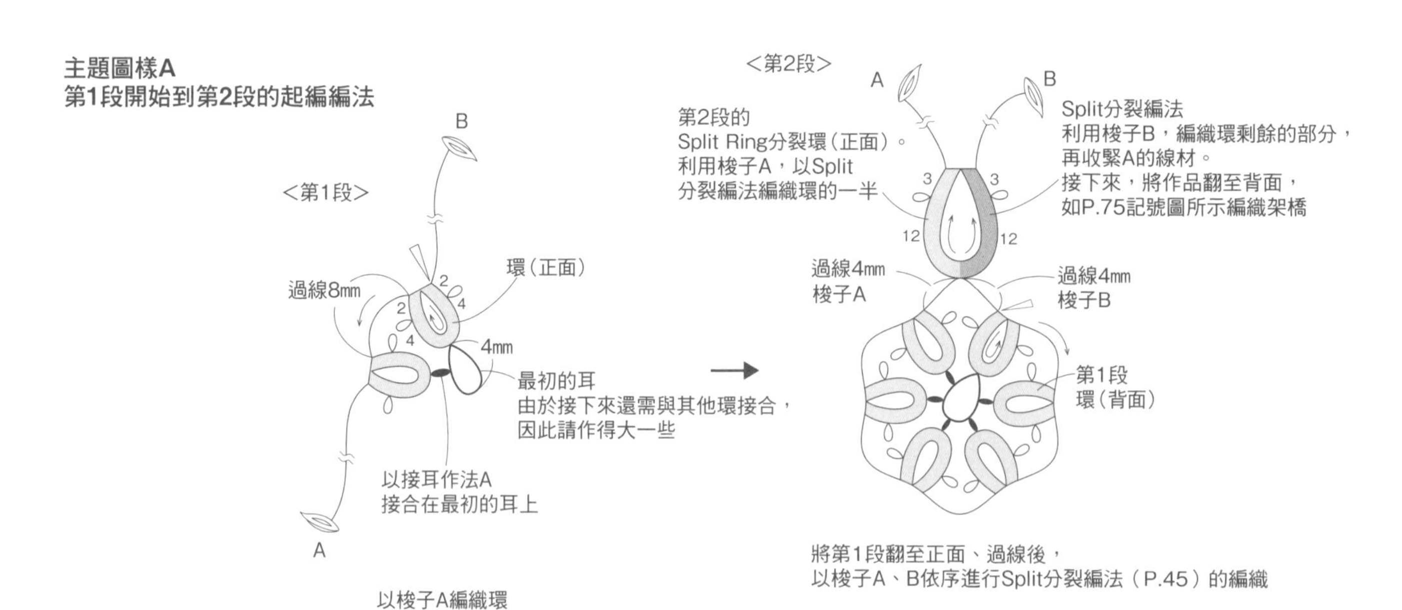

織圖

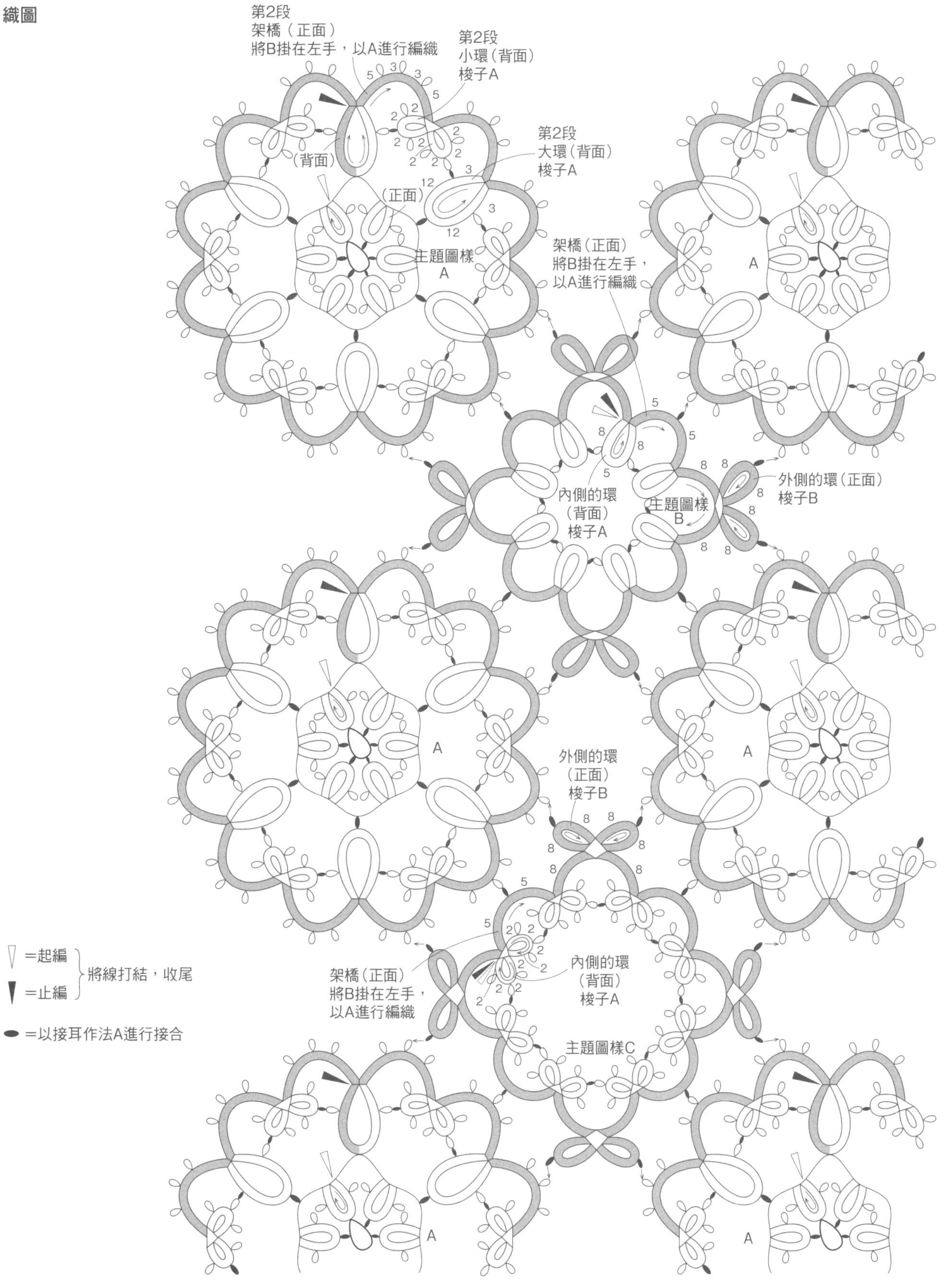

第2段
架橋（正面）
將B掛在左手，以A進行編織
第2段
小環（背面）
梭子A
第2段
大環（背面）
梭子A
（背面）
（正面）
主題圖樣
A
架橋（正面）
將B掛在左手，
以A進行編織
A
外側的環（正面）
梭子B
內側的環
（背面）
梭子A
主題圖樣
B
A
A
外側的環
（正面）
梭子B
架橋（正面）
將B掛在左手，
以A進行編織
內側的環
（背面）
梭子A
主題圖樣C
A
A
▽＝起編
▼＝止編
將線打結，收尾
⬬＝以接耳作法A進行接合

湘南風情の裝飾桌巾

作品P.30・封面

完成尺寸　約30cm×21cm

材料　DMC Special Dentelles 80號蕾絲線

淺藍色…10g

工具　梭子2個

主題圖樣尺寸　參考下圖

作法

1. 將線捲在梭子上（參考下表）。

2. 依下方尺寸配置圖，由①（第1片）開始依序編織主題圖樣A。參考P.68，第1段起編時請留下10cm的線端，在耳上使用梭子編織。第2段則是以Split Ring分裂環起編，將線材過至環及架橋之間，一邊編織一邊與第1段接合。

3. 在主題圖樣A的⑤（第5片）之前，一片一片分開編織。⑥（第6片）開始，則如記號圖所示一邊編織，一邊接合，共編織59片。

4. 編織主題圖樣B。一邊編織環，一邊與主題圖樣A接合，共編織58片。

尺寸配置圖

主題圖樣接合
A59片、B58片

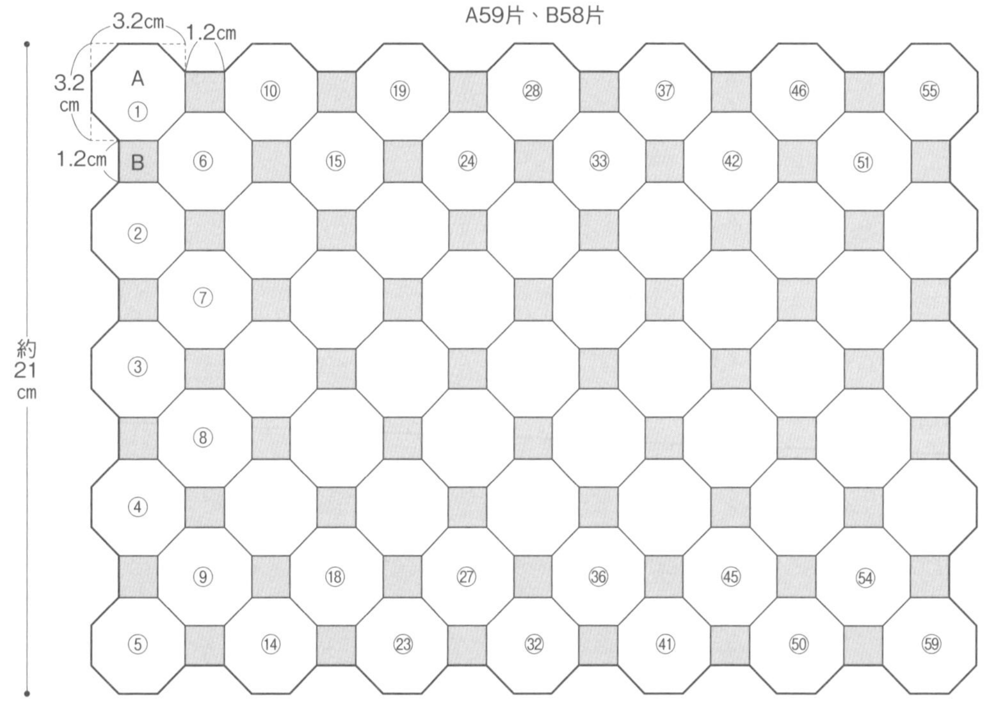

※○中的數字代表編織&接合主題圖樣的順序。
①至⑤請個別編織，從⑥開始則一邊編織一邊接合。

線材準備

Max	主題圖樣A
Max	主題圖樣B

織圖

外側環的耳，請製作成大、小兩種尺寸
(大)
(大)
(小)
過線
3至4mm
第2段
外側的環（正面）
第2段
內側的環（背面）
Split Ring
分裂環
（背面）
4mm
第1段
（背面）
主題
圖樣
A①
環（正面）
主題圖樣B
B
⑥
⑩
②
⑪
⑦
※主題圖樣A以與P.68相同要領，
起編時留下10cm的線端，
進行製作。
第1段的耳也一樣，
利用尺規製作
=起編
=止編
將線打結，收尾
=以接耳作法A進行接合

編織出完美作品の小撇步

想在編織途中補接梭子線…

編織較小的主題圖樣時，只需將指定長度的線捲在梭子上製作即可完成，但若是編製較大的作品，所需線材無法全部都捲在梭子上，只將能捲上去的線捲起來進行編織，並在途中補接線。補接時，並不是接在正在編織的環或架橋上，而是要在編織下一個環或線材時接線喔！接線的線結要打在更換、連接不同圖樣的邊緣背面，因此不會太顯眼。在環途中補接線的情況，如右圖所示。利用蕾絲針或串珠針（P.60），將單側環的線穿入另一個環的根部，再於背面進行線的收尾及固定（P.46）。

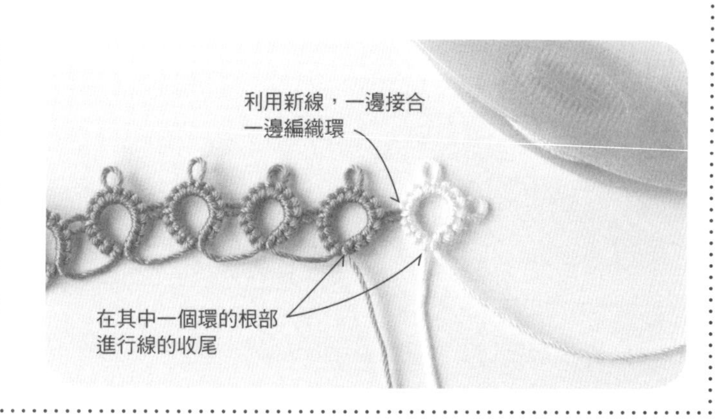

環の拆解

1. 拿著最後編製完成側的耳（★）兩側的針目，依箭頭方向，往左右兩邊拉開。

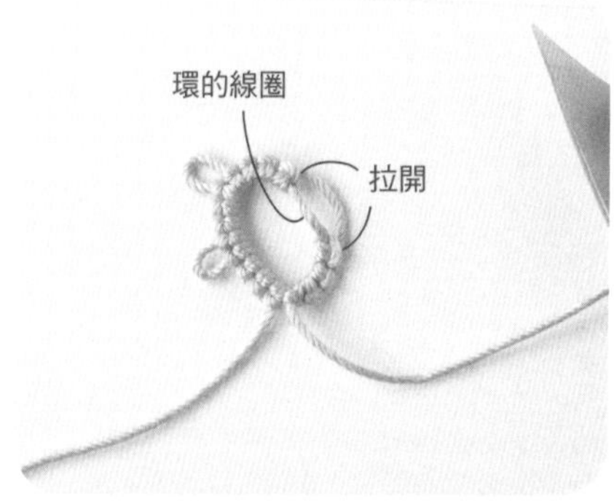

2. 將耳的線拉開後，原本被收緊而看不見環的環狀部分則被拉鬆。

3. 依箭頭方向移動結目，再將★的耳恢復至原本的狀態。

4. 再次重複步驟1至3，將環的線圈拉鬆。

5. 以指尖將環的線圈移動至別處，再拉鬆適當大小的環，將作品拆解至編錯的結目處即可。

捲在梭子上的線材長度

依據作品的不同，有些作品需要指定長度的線。這是為了不浪費線，避免在後續以剩餘的線製作其他作品時遇到線不足、必須補接的情況。雖然有些麻煩，但請養成不浪費蕾絲線，將線都充分運用於作品上的好習慣。

將表裡結的芯線收緊時

無論是環或架橋，在編織梭編蕾絲時，總是無法習慣的部分就是——容易將成為「花芯」部分的線拉得過緊。雖然成品有漂亮的拱形，但其實這會破壞表裡結的針目，使其成為細長的模樣。若已經習慣了編法，請記得小心別將「芯線」部分的線拉得太緊。

將主題圖樣當作首飾零件時

外型俐落的主題圖樣完成後，十分適合運用在各種首飾上，這時就用熨燙用的噴膠均勻地噴在主題圖樣的雙面，讓它充分定型吧！噴膠部分請參考右方「完成完美作品の小撇步」，確實整理作品的形狀。若採用人造花的硬化液，雖然能讓作品更加堅實，但無論您選用哪一種方式，都別噴得太多，以免線吸收了過多的液體。

製作完美作品の小撇步

●完成作品之前

想要漂亮地完成作品，線的收尾是十分重要的步驟。無論正面或背面，都要以同樣「我要好好地完成它」這樣的心情，溫柔且細心地將線打結收尾。線端部分，則以布用接著劑黏合在正面看不見之處（參考P.46）。在這些步驟之前，要再次確認線收尾的部分後再開始進行。

●主題圖樣等小型作品

將蕾絲置於手帕或布料上，以噴水器均勻地噴灑後，以指尖撫平作品，再靜置直到乾燥為止。

●桌巾類的圓形作品

在紙張上繪製完成尺寸的大小，再鋪上一層描圖紙，以避免弄髒蕾絲，接著放上蕾絲，以噴水器均勻地噴灑，一邊整平形狀，一邊對齊紙上的圓形，再以珠針釘在邊緣固定，靜置直到乾燥為止，此時請避免耳的部分被拉動變形，因此請將珠針釘在耳的根部。

●利用熨燙方式完成作品時

若桌巾等大型作品的表面有些凹凸不平，就先以噴水器均勻地噴灑，翻至背面後鋪上一層墊布，再以低溫熨燙整平。以熨斗熨燙可能會破壞針目，因此稍微與布面保持一點距離較佳。

●使用絹線時

在本書中，P.28的公主披肩選用了絹線編製。絹線與一般帶有伸縮性的木棉蕾絲線不同，擁有堅實的質感及高雅的光澤，是一種十分適合穿搭衣物的素材。由於披肩並不像桌巾這類平放著使用的東西，在編織完成後直接使用也無妨，若表面有不平整的部分，就從裡側鋪上墊布，輕輕地熨燙即可。

樂・鉤織 08

好好玩の梭編蕾絲小物（暢銷版）

讓新手也能完美達成不 NG の 3Steps 梭子編織基本功

作　　者／盛本知子
譯　　者／黃立萍
發 行 人／詹慶和
總 編 輯／蔡麗玲
執行編輯／黃璟安 ・ 陳姿伶
編　　輯／蔡毓玲・劉蕙寧・李佳穎 ・ 李宛真
特約編輯／張容慈
封面設計／周盈汝
執行美編／陳麗娜
美術編輯／韓欣恬
內頁排版／造極
出 版 者／ Elegant-Boutique 新手作
發 行 者／悅智文化事業有限公司
郵政劃撥帳號／ 19452608
戶　　名／悅智文化事業有限公司
地　　址／新北市板橋區板新路 206 號 3 樓
網　　址／ www.elegantbooks.com.tw
電子郵件／ elegant.books@msa.hinet.net
電　　話／ (02)8952-4078
傳　　真／ (02)8952-4084

2017 年 11 月二版一刷　定價 320 元

經銷／高見文化行銷股份有限公司
地址／新北市樹林區佳園路二段 70-1 號
電話／ 0800-055-365
傳真／ (02)2668-6220

國家圖書館出版品預行編目 (CIP) 資料

好好玩の梭編蕾絲小物 : 讓新手也能完美達成不 NG の 3 Steps 梭子編織基本功 / 盛本知子著 ; 黃立萍譯 . -- 二版 . -- : 新手作出版 : 悅智文化發行 , 2017.11
　面 ;　公分 . -- (樂 . 鉤織 ; 8)
ISBN 978-986-95289-3-1(平裝)

1. 編織 2. 手工藝

426.4　　　106017830

盛本知子
もりもと・ともこ
Tomoko Morimoto

梭編蕾絲作家。受其母親、同時也是資深的梭編蕾絲知名作家——藤戶禎子的指導下，練就一身梭編蕾絲的絕技。其作品設計風格多元，不僅古典高雅，亦選用多種色彩、呈現獨特風華的精彩作品，此外，亦製作許多實用的家居用品，種類十分豐富。目前於霞々秋技藝學院、文化中心等機構任教。

http://hwm7.wh.qit.ne.jp/tatting-picot/

日文原書團隊
美術指導／山口美登利
設計／宮巻麗（山口設計事務所）
攝影／中川十內（作品・作者）、中辻涉（作法）
造型／井上輝美
繪圖／ day studio（大樂里美）
作法解說／岡野豐子（Little bird）
校正／山內寬子
編輯／增澤今日子、山田葉子（NHK 出版）

樂・鉤織 01

從起針開始學鉤織
BOUTIQUE-SHA◎授權
定價300元

樂・鉤織 02

親手鉤我的第一件夏紗背心
BOUTIQUE-SHA◎授權
定價280元

樂・鉤織 03

勾勾手，我們一起學蕾絲鉤織
BOUTIQUE-SHA◎授權
定價280元

樂・鉤織 04

變花樣&玩顏色!親手鉤出
好穿搭の鉤織衫&配飾
BOUTIQUE-SHA◎授權
定價280元

樂・鉤織 05

一眼就愛上の蕾絲花片！
111款女孩最愛的
蕾絲鉤織小物集
Sachiyo Fukao◎著
定價280元

樂・鉤織 06

初學鉤針編織の最強聖典
日本Vogue社◎授權
定價350元

樂・鉤織 07

甜美蕾絲鉤織小物集
日本Vogue社◎授權
定價320元

樂・鉤織 08

好好玩の梭編蕾絲小物
盛本知子◎著
定價320元

樂・鉤織 09

Fun手鉤！我的第一隻
小可愛動物毛線偶
陳佩瓔◎著
定價320元

樂・鉤織 10

日雜最愛の甜美系繩編小物
日本Vogue社◎授權
定價300元

樂・鉤織 11

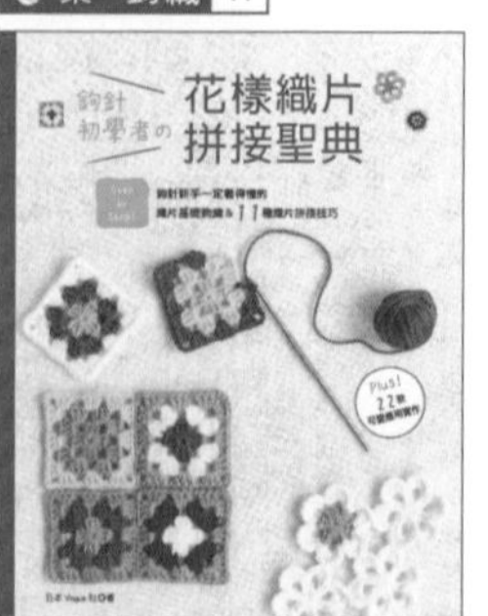

鉤針初學者の
花樣織片拼接聖典
日本Vogue社◎授權
定價350元

樂・鉤織 12

襪！真簡單 我的第一雙
棒針手織襪
MIKA＊YUKA◎著
定價300元

雅書堂 EB新手作

雅書堂文化事業有限公司

22070新北市板橋區板新路206號3樓

facebook 粉絲團:搜尋 雅書堂

部落格 http://elegantbooks2010.pixnet.net/blog

TEL:886-2-8952-4078 · FAX:886-2-8952-4084

樂・鉤織 13

初學梭編蕾絲の
美麗練習帖

sumie◎著

定價280元

樂・鉤織 14

媽咪輕鬆鉤!0至24個月的
手織娃娃衣&可愛配件

BOUTIQUE-SHA◎授權

定價300元

樂・鉤織 15

小物控愛鉤織!
可愛の繡線花樣編織

寺西恵里子◎著

定價280元

樂・鉤織 16

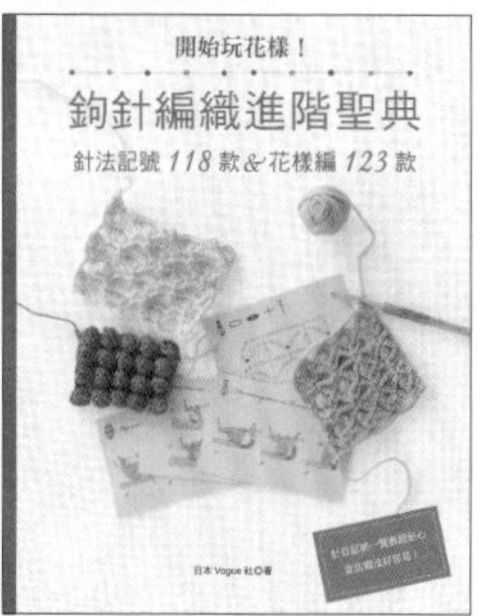

開始玩花樣!
鉤針編織進階聖典
針法記號118款&花樣編123款

日本Vogue社◎授權

定價350元

樂・鉤織 17

鉤針花樣可愛寶典

日本Vogue社◎著

定價380元

樂・鉤織 18

自然優雅・手織的
麻繩手提袋&肩背包

朝日新聞出版◎授權

定價350元

樂・鉤織 19

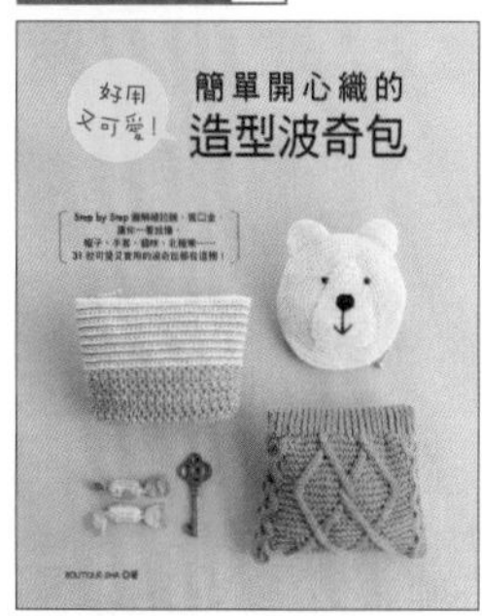

好用又可愛!
簡單開心織的造型波奇包

BOUTIQUE-SHA◎授權

定價350元

樂・鉤織 20

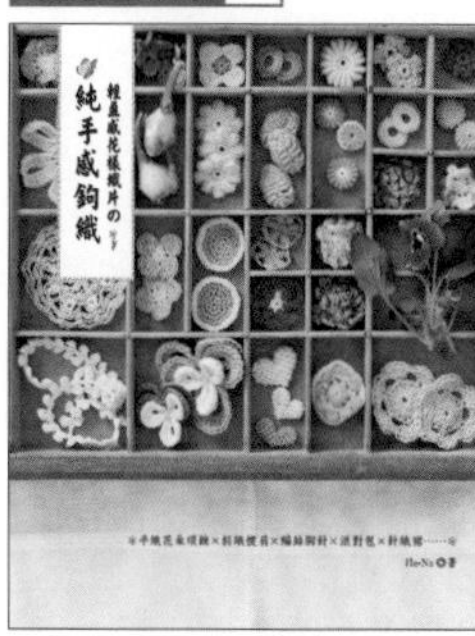

輕盈感花樣織片的純手感鉤織
手織花朵項鍊×斜織披肩×編結
胸針×派對包×針織裙……

Ha-Na◎著

定價320元

樂・鉤織 21

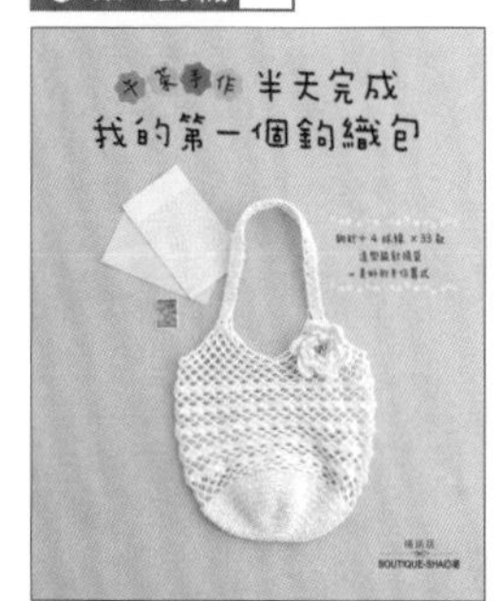

午茶手作・半天完成我的第一
個鉤織包(暢銷版)
鉤針+4球線×33款造型設計提
袋=美好的手作算式

BOUTIQUE-SHA◎授權

定價280元